广州市哲学社会科学发展“十二五”规划共建课题成果

METROPOLIS FEMALE APPAREL SELF-CULTIVATION

都市女性服饰修养

熊玛琍 / 著

·广州·

图书在版编目（CIP）数据

都市女性服饰修养 / 熊玛琍著 . —广州：华南理工大学出版社，2017.7
ISBN 978-7-5623-5340-9

Ⅰ . ①都…　Ⅱ . ①熊…　Ⅲ . ①女性 – 服饰美学　Ⅳ . ① TS976.4

中国版本图书馆 CIP 数据核字（2017）第 166770 号

DUSHI NÜXING FUSHI XIUYANG
都市女性服饰修养
熊玛琍 著

出 版 人：卢家明
出版发行：华南理工大学出版社
（广州五山华南理工大学 17 号楼，邮编 510640）
http://www.scutpress.com.cn　E-mail: scutc13@scut.edu.cn
营销部电话：020-87113487　87111048（传真）
责任编辑：王　磊
印 刷 者：广州市人杰彩印厂
开　　本：787mm × 1092mm　1/16　**印张：**11.5　**字数：**177 千
版　　次：2017 年 7 月第 1 版　2017 年 7 月第 1 次印刷
定　　价：48.00 元

中国服饰文化随着经济的高速发展，给社会意识带来了前所未有的人文进步，以其惊人的速度提升了国人的形象品质。俗话说“人不可貌相”，从外形衣着来判断人的年龄很容易犯错，女性的年龄在中国也成了秘密，这是服饰文明创造的奇迹！然而四十多年改革开放创造的物质文明，带来的女性外形变化在不同地区表现得很不均衡。因为国内存在着地区与阶层的距离，所以与发达国家女性服饰文明相比，普遍还存着较大的差距。

笔者从事服饰美学研究多年，在广东地区目睹了年纪较大的女性与上海、深圳等较发达城市的服饰文明的差距，深感从事服饰艺术理论研究的必要性。人们服饰水平落后的原因诸多——历史人文、气候条件以及生活习惯等等。最重要的是人们思想理念存在着差异，不符合“食必常饱，然后求美；衣必常暖，然后求丽；住必常安，然后求乐”的古训。因此我国至今还存在经济的发展、物质的丰富与人的精神需求不协调，人的外形跟城市环境不匹配的现象。

本书以提高中国女性服饰水平为研究目标，力求为服饰行为中存在问题的女性朋友服务，为解决服饰思想意识问题提供理论依据，为改善女性朋友的形象，创造服饰装扮新品味提供艺术指导。本书将都市女性的着装意识与城市环境文明、家庭和睦、个人身心健康相提并论，为营造优雅、稳重的女性形象，实现融洽和礼让之先的人际关系，提升都市女性的生活品质，提供实用性较强的服饰修养和服饰实践指导。让中国女性服饰文明再一次腾飞，达到推广新的生活方式和人文理念的目的。

当今，关注网络时尚信息在大都市已成为大部分女性的生活常态，提升服饰修养的渠道也很多。本书系统、科学、艺术地阐述了服饰理论，重点突出实践指导，图文并茂，是作者献给期盼提升形象、永葆“青春”女性朋友的礼物，如果本书能让读者有点滴收获将是作者的最大欣慰！

熊玛琍

2017.6

目录

CHAPTER 1

第一篇

都市女性健康服饰心理

引言：

中国是世界文明古国之一，创造了灿烂的古代服饰文化。但由于封建礼教对女性的种种束缚，女性在服饰心理上留下阴影和心理障碍，影响了老一辈女性的服饰观念，因此建立健康的服饰心理，是女性服饰修养的第一步。

图 1–1 是热带原始人早期装扮推理图，这种直接在身体上进行各种装饰的行为，是人类爱美本能的反映。“爱美是人的天性”是科学的结论。

图 1–1

人类为了满足爱美的天性，不断地改造客观物质世界，探索美化人体的手段和方法。服装发

图 1–2

展到今天，已成为人类美化自身的重要手段，服装材料、服装加工工艺及装饰配件，为美化人体做出了巨大的贡献。

中国在世界上享有衣冠王国的美誉，但历史上服饰受礼制的影响颇深。在日常生活中人们十分注重礼仪和伦理的作用，从言谈举止到服饰衣着都依礼制而行，无论是为天子者，还是为人臣、百姓者，都只能恪守本分，不能随心所欲。封建伦理纲常对女性，尤其是已婚女性，服饰约束苛刻、严格、具体。例如，在色彩上，早先民间就有“红到三十绿到老”之说，意思是女性红颜色的服装只能穿到三十岁，而绿颜色则可伴随生命的终老。清末民初时，对已婚女性穿红裙子要求更严，只有夫妇双全的人才可以穿。封建社会一夫多妻，夫妇之间，又唯正室才可以穿红色。图 1–2 中，穿红色服装的一定是正室夫人。如果谁要越雷池一步，就会招来“风骚、轻薄”等流言蜚语，严重束缚了中国女性的着装个性。

虽然封建历史远离我们一个多世纪了，但传统文化的保守性、依赖性，以伦理纲常为准绳的封建礼教、社会心理被长期地延续下来，制约着人们的思想、言行和进取心，使我们的老一辈至今还未能摆脱因循守旧、自我限制的习性。赵树理在《小二黑结婚》中对“三仙姑”服饰的一段描写：

“已经四十五岁，却偏爱当个老来俏，小鞋上仍要绣花，裤腿上仍要镶边，顶门上的头发脱光了，用黑手帕盖起来，只可惜官粉涂不平脸上的皱纹，看起来好像驴粪蛋上下了霜……”字里行间充满了对年纪稍大女性爱美、爱打扮的嘲讽，反映了中国传统文化对年纪稍大女性爱美的偏见。

白驹过隙，现在已进入21世纪，改革开放近四十年。随着国际文化、技术交流的日益频繁，人们的生活方式、精神追求有了根本的改变。如今外国人也称赞中国漂亮姑娘与巴黎的时髦女郎，在服饰水平上没有任何区别，中国服装行业也由加工型转变为走创本民族品牌的健康发展之路。无论是服装设计水平，还是加工手段，人们的着装方式以及对服饰的审美标准，都赶上了国际水平。在日新月异的社会环境、时代精神、科学技术和经济基础的大背景下，都市女性思想深处被禁锢的传统观念，被时代潮流洗涤更新。广东地区的中老年女性服饰在变革中表现出很大的地区与阶层的差异，因此了解时代的服饰心理，建立健康、科学、文明的服饰理念很有必要。

一

爱美没有年龄性别界限

北京山顶洞人遗址中，考古学家发现了用小螺壳制成的项链，在其他遗址中还发现了许多用兽类的骨头做成的骨珠、骨环、骨簪等原始时期妇女用的装饰品，进一步证实女性的爱美追求与生俱来。遗憾的是随着社会制度的变迁，女性装扮打上了历史的、阶级的烙印。

在封建社会中，封建礼教的三纲——君为臣纲，夫为妇纲、父为子纲，决定了男人是女人的天以及男耕女织的社会分工，形成了男人主外、女人主内的家庭格局，经济地位决定了女人依附于男人。女性在男权世界下，一切都是围着男人转，修饰装扮也是为了取悦男人。在一夫多妻的环境下，女人装扮是向男人邀宠献媚的手段，所以“女为悦己者容”成为中国女性装扮的潜在动力，也成为男性评价女性爱美的尺度。

“女为悦己者容”，这个“悦己者”定位为异性。狭义指已婚女子为了丈夫而打扮，就像诗经里描述的那样：“自伯之东，首如飞蓬，岂无膏沐，谁适为容”。其含义是，自丈夫出远门后，妻子蓬头垢面，头发不梳理，面不修饰，不是没有水和化妆品，而是没有了丈夫的欣赏，女性的修饰便失去了意义。广义指女性爱美是为了获得异性的青睐，“窈窕淑女，君子好逑”正是这一含义的反映。以理推之：姑娘们爱美是为了赢得更多的“好述者”，就像商人为了自己的商品能卖个好价一样，包装得漂亮一点，理所当然。所以未出阁的姑娘爱美天经地义、无可厚非，是顺理成章的事。女性一旦结了婚、上了年纪或丧偶，就像被卖出的商品一样，外表已经不重要了，注重的是在家庭中的使用价值，女性再要美化外表便与“性”、封建道德挂钩，惹来的便是闲言碎语，甚至是伤风败俗的恶名，这直接反映了中国封建意识对女性爱美的偏见。上了年纪的女性爱美的权利被剥夺了，爱美只成了年轻姑娘们的专利。

可见，“女为悦己者容”蒙上了浓厚的封建色彩，反映了女性爱美的狭隘性和封建性，女性爱美失去了自身的个性和追求。中老年女性受到的束缚更强烈，筑成了老一辈女性服饰的心理障碍，成为女性审美留下的社会“后遗症”，造成都市女性着装水平整体提高缓慢，这是各地区服饰文明进程不一的原因之一。

过去中国女性过了45岁就定位在中年，工作繁忙，家庭负担处于上有老、下有小的艰苦阶段，常会不自觉地露出憔悴和倦怠的神色，加上服装色彩暗淡，有“男子四十一枝花，女人四十老妈妈”的说法。

现在45岁的女性，完全改写了历史，没有任何思想束缚，用服饰提高形象质量，营造出美好的心境，展示了年轻人所不具有的成熟美，以特有的生活阅历沉淀下来的气质美比男人更像一枝花。

中老年朋友穿着色彩缤纷、款式大方的时装会友、娱乐，增强了自信心，调节出健康的心理，寻

图1–3

图 1–4

图 1–5

回“年轻真好”的感觉。图 1–3 中都是奶奶级别的女性，穿红着绿随心所欲。老并不可怕，怕的是未老先衰，未老先弱。服饰虽然只是个外包装，它却反映了着装者的心态。按过去的说法这位女士已经是花甲老人了（如图 1–4 所示），但是，一位敢于在皱纹里写满沧桑之时，身穿大花大朵的时装“招摇过市”者，你能说她的心理年龄不是“初升的太阳”？

在欧美发达国家，“老穿花”（如图 1–5 所示）这一道风景早已为人们欣然接受。它也符合自然规律，年轻人的服装暗淡点反而能够表现青春肤色的自然美，年纪大的人随着岁月流逝肤色黯淡，光亮的服饰为其营造活力，增添亮丽的光彩。“老穿花”现象，说明爱美的天性在老年人身上表现的更加突出，并从侧面说明人们生活水平的提高，有温饱才有“素”，有小康才有“花”。回首当年，中国改革开放初期，只有年轻女孩敢化妆穿花，而年纪大的人显得更加灰头土脸，这是传统文化束缚人们的思想导致的历史必然结果。现在很多年轻人用自嘲的方式道出了衣着规律：“我越来越喜欢花衣服，是不是自己老了？”上了年纪的女性失去了年少的自然美，需要后天的弥补，女性年纪越大越需要化妆，衣服的颜色越需要鲜艳靓丽，这才是人类服饰文明的自然规律。

可喜的是，当代人对上了年纪的女性特意打扮以取得他人的好印象，也没有传统的偏见了。人们普遍意识到，对于美的向往和追求是人的本性，没有年龄和性别的界限。人们都知道，爱美能激发人们对生活的热爱，使老年人走出孤独，走出萎靡，走出衰老。常言道：“青春是美的，成熟也是美的。”服饰不仅能美化年轻人，也能美化老年人，美化整个时代，使社会生活增添万紫千红的色彩。中老年女性爱美，对于夫妻、家庭成员之间，无疑是一种积极向上的凝聚力，也是社会精神风貌的正能量。追求服饰美没有年龄性别的限制，在上海、北京、南昌等城市，上穿花衬衫、下着大红裤，浑身充满活力、朝气的六七十岁的女性，随处可见。图 1–6 中跳广场舞的大妈已是古稀之年。图 1–7 中 2016 年上海的跨年迎新晚会上，平均年龄为六十岁的女性朋友，身着红衣裙展现了积极向上的精神风貌，诠释了时代的气息。

图 1–6

图 1–7

爱美是贤妻良母的要求

贤妻良母，是中国善良女性，一辈子吃苦耐劳、相夫教子、牺牲自我得到的最高奖赏。在“无才便是德”的封建古训下，几千年来，做贤妻良母是中国女性终生依靠的精神支柱。尤其是广东地区客家女性，受这种传统“美德”的影响更深，她们对家庭、对丈夫、对孩子关怀备至，有很强的责任心。特别是一些社会地位和经济地位远不如丈夫的中老年女性，更是以贤妻良母为荣。她们从经济不宽裕的艰难岁月过来，认为自己只是个家庭主妇不需要抛头露面，对生活没有任何的要求，衣着随便，外貌不加修饰，甚至认为爱美是一件不光彩的事，但非常看重丈夫和孩子的外表。手头宽裕时首先把丈夫打扮起来，她们认为，丈夫在外面出人头地，在外人眼里丈夫衣冠楚楚、仪表堂堂、风度翩翩也是自己的骄傲；另外打扮孩子更是不遗余力，孩子在人前漂漂亮亮很是自豪。客家女子把生活的追求寄托在丈夫和孩子身上，很少考虑自我。她们认为这样就可以维护家庭的幸福和安宁，尽了做妻子、母亲的责任，符合贤妻良母的标准。

实际上，已婚女性不把自己当成一个具有独立人格魅力的家庭成员，吃苦耐劳、牺牲个人追求，总是以不修边幅的形象出现在丈夫和孩子面前。品性好的丈夫对妻子有一份敬重，这份敬重是对妻子劳动的回报。但对两性之间的那份情爱，随着岁月的流逝，外表的感觉器官已经麻木，自律能力差的丈夫很难抵御外来的诱惑，情感容易寻找另外的寄托。这种女性心理承受能力极差，一旦发现丈夫有了外遇，很容易处于天塌地陷、痛不欲生的境地。另外，对孩子也容易滋生索取心理，有一种付出后要求回报的本能反应，导致家庭矛盾频频发生，为自己和家人酿造出许多生活的苦酒，最终引起丈夫、孩子的冷漠、粗暴对待，甚至落到被遗弃的可悲下场。

究其原因非常简单：丈夫在职场环境与社会各种人打交道，出门衣冠楚楚，很容易赢得别人的赞美和羡慕。外面的世界很靓丽，回到家中看到的却是一个不加修饰未老先衰的“黄脸婆”，自然会与其他女性形成反差对比，心里的遗憾油然而生，不利于夫妻感情的加深。同样，孩子们也有自己的虚荣心，比如，开家长会看见自己的妈妈毫无光彩地坐在人群里，心里也不舒服，“儿不嫌母丑”在新的时代已经是过去式了。笔者曾在网上听过一个家庭主妇的反省：有次全家出去旅游，她没有上车，竟没有人发现她的丢失，车便开走了。这件事对她的触动很大，她开始意识到，结婚生子后几乎没有考虑过自身的形象，他人不重视自己非常自然，并认识到家庭主妇要自尊、自爱、自重，也包括仪表，不能把外表美只看成是一件无关大碍的小事。

“贤妻良母”是女性应该追求的内在美，但不是美的最高境界。美的事物本来就不是单一的，既有内在美又有表象的美。因为世间的事物在一定的条件下，这两种美不统一于一身。有的只有内在美，没有外表美，这种美固然可贵，但是美的不完全、不理想。光有外表美而没有内在美，这种美是残缺的、短暂的、没有生命力的。在一定条件下，这两种美也能够有机地统一为一体，构成高层次的美。一是善良和真诚，二是健康和貌美，二者缺一不可。所以，女性在家庭生活中光有内在美是不够的、这已经不是完美的现代女性。女人除了家庭以外还有自身的价值，也应该有自己的生活目标，并有权实现它。2017 年 7 月的热播剧《我的前半生》就作了最好的诠释。要做到这一步，只能依靠自己，寄托给任何人都是不现实的，只有找到自己、认识自己、开发自己，守住自己清明纯净的心并用自己辛

图 1-8

图 1-9

勤的汗水和智慧，播种人生的希望，重新塑造自身的光彩，才能拥有属于女人特有的美好形象。

当代为女性美向高层次的发展即外在美与内在美的有机结合提供了环境、创造了条件。作为外表美的服饰，在一定程度上可以相应地表现出人的内在美，穿着者对衣料、款式的选择、色彩的搭配，不同程度地反映了着装者的气质、素养、审美能力等。图 1-8 中右边的女士虽然已是姥姥的级别，但是和整个家庭一点都不违和。因为从衣着上能够窥见一个人的生活习惯、爱好乃至心灵。因而都市女性，要学会装扮自己，给自己一份信心，拥有自己的心灵空间，拥有自己的独立人格，摆脱世俗意义上的成功观念，敢于选择自己喜欢的生活方式，敢于承受各种不同的生活现实，在任何环境中都不要放弃自己的目标和真实的灵魂。这样在丈夫和孩子面前才有自己的人格魅力，才是家庭幸福和睦的保证。图 1-9 是 2017 年元旦《妈妈咪呀》节目的片段，几个花甲女性退休之后练起了芭蕾舞，在高难度的艺术领域实现自己的梦想，完成了自己的舞蹈之梦，锻炼了身体，丰富了退休后的生活。她们得到了金星评委及在场观众的一致好评。她们的丈夫和子女一定也为她们而骄傲。

苏联教育学家霍姆斯基说的：“女性美是妇女的一种精神力量，它不仅是教育孩子的力量也是教育丈夫的力量。”在新的时代，爱美是贤妻良母的要求，重视仪表美为家庭和睦、社会文明都提供了正能量。

爱美利于女性身心健康

在自然界，无论是人类还是一些比较高等的动物和植物，都有一种属于本能的范畴，对明显美的事物有良好的感觉：即对鲜艳色彩、优美旋律、芳香气味的一种良好感觉，图 1–10 中孔雀开屏就是雄孔雀吸引雌孔雀的本能，打开尾屏显示自己美丽，使其不自觉的进入接受状态。而对于那些噪音、暗浊污秽的颜色，以及腐臭、糜烂则采取排斥的状态。这些在科学家的实验里都得到了证实，如芳香的气味、优美的音乐、柔和的光……都有利于这些高等动物的成长、成熟、繁衍和多产。相反，恶臭、嘈杂和污秽等，则使他们萎缩、减产、早衰。这种看似神奇的现象，正是造物主赋予大自然的一种本质，让其形态的美与生命力成正比。所以，我们常常看到大自然中许多先天生成的美好形象，如令人赏心悦目的美丽鲜花，最容易唤起人和其他动物的好感，这种好感与生命本身密切相关，因此就成为生命的本能。正因为我们相信许多高

图 1–10

等生物都有潜在的美感本能，所以我们才有可能去训练那些比较聪明的动物，教会他们随着节奏和旋律翩翩起舞，甚至教会他们懂得穿衣戴帽，装饰打扮。动物况且如此，人类对美的反映就更加强烈。

最近，医学家研究发现，愉悦、欢快的心境，可使肌体分泌有益的激素，能够促进人体分泌更多的酶、乙酸胆碱、去甲腺素等生化物质，使体内血液流量、神经细胞的兴奋状态以及内脏器官的代谢活动，调节到最佳状态，并能增强肌体免疫系统的功能，增强防病、抗病、抗衰老的能力。“笑一笑，十年少”的谚语是有科学依据的。国外学者曾对 60 ~ 80 岁衣着讲究的老人调查发现，90%以上年逾古稀、注重打扮、爱参与文娱活动、追求风度美的老人，比他们实际年龄要年轻的多，有的看上去比他们的实际年龄小 20 岁以上，为年轻型老人。心理学家还认为，老人适当的讲究点修饰打扮，会给他们的生活带来活力和乐趣，也是身体健康的外在表现。

对于刚走过人生最宝贵青年时代的中年人，正处于承上启下青黄之间的年岁。比起年轻人，体态上虽然多了分雍容，脸上出现细碎的皱纹，但还未到“小儿误喜朱颜在，一笑那知是酒红”的衰老。只要掌握化妆技巧，穿上合体的服装，服饰穿戴就能和青年女性平分秋色，延长青春期。另外，凡爱美的中老年女性，都特别注意自己的身材状况，而发胖是上了年纪的女性的一种自然趋势。虽然人们也曾设想就像唐代一样，女性以胖为美形成社会时尚，是否就不需要控制身体的肥胖呢？但是现代医学已经告诉人们，发胖不仅影响人的外表美观，更重要的是肥胖还会导致各种疾病，影响人的身体健康。因此，爱美特别能让中老年女性关注自己的身材，自觉调整饮食结构，注重锻炼身体，加强健身活动，以控制体形变化。这不仅能保持身材健美，更有利于身体健康。

图1–11

图 1–11 是一位花甲年龄的女性，爱美、运动是她每天的必修课程。

在十多年前，日本警视厅交通部曾披露，死于交通事故的老年人比例不断增加，这引起了有关部门的高度重视。交通部组织了专门的人对这个问题进行分析研究，最后得出这样的结论：老年人穿的服装颜色不够显眼，是导致交通事故发生的重要原因之一，大多数受害者都是穿着黑色系列或色彩不明显服装的人。由于这些颜色与周围的色调没有明显的区别，故而司机很难辨认，从而造成车祸。

特此，日本政府向老年人发出号召："请老年朋友们穿戴的更漂亮，更引人注目！"为了配合这一行动，警视厅交通部还开展了"全国交通安全运动"活动，举办面向老年人的华丽服装表演，并免费向老人提供带有反射板的帽子。同时，美国也公布了一项研究，结果表明整容不单令女性实现美化容貌的心愿，还可望延长寿命十年。之前的研究曾经指出整容对心理带来正面影响，但却从未提及整容具有延长寿命的功能。而这个崭新的论点，引起医学界展开更深入的探讨。据美国的一项研究，以 250 名曾在 1970 年至 1975 年接受整容手术的女性作为研究对象，这些女性进行手术时的平均年龄是 60.4 岁。25 年后，76 名曾接受整容手术的女性都已经去世，平均死亡年龄是 81.7 岁。当时在世的 148 人（占总数的 59 %）中已有年龄 84 岁的。若与全球女性平均寿命 74 岁相比，平均寿命长了 10 年。美国整容学会主席朱厄尔表示："我对整容可能有助延长生命的研究结果不感到意外，在我治理的病人当中，我察觉很多曾整容的女性都会非常小心打理自己的身体，例如她们经常运动和注意日常饮食。在手术后，她们普遍对未来充满信心，保持心情轻松。"整容不仅能够美化一个人的容貌，而一次成功的整容手术给其心理带来的鼓舞影响更值得关注。朱厄尔解释一个人的自信心增强后会变得更自重，连带改变她们对人生前途的看法。从心理学的角度来看，一个人的心境越舒畅和满足，享得长寿的机会自然越高。

服装对人体的装饰比起整容简单易行，但对人的心情的效果却是一样的。

爱美是综合素质高的体现

都市女性爱美、重视服饰装扮，不仅提升了个人的外表形象，体现的更是一种人文精神，展示的是城市文明。

图 1–12

韩国的人文素质通过他们的艺术作品反映出来，很值得学习。在韩国，年轻媳妇服饰素雅端庄，老年人在着装上颜色鲜艳明快、款式新颖、质地高档、讲究装饰，得到晚辈的尊重和爱戴，尽情享受晚年的幸福，形成正常合理的家庭人伦关系。虽然家庭生活也有矛盾，但是在较高层次人文精神下的矛盾，一般不会激化，且很容易解决，是社会稳定、精神文明的基础，发扬了东方的人伦文化。

图 1–13

中国都市女性对服饰美的看法，已经超越了服饰装扮只是个人爱好的表面层次，它是人格与尊严、综合素质的反映。当我们走出国门时，外表的形象、服饰得体、行为文明，代表的是一个国家、一个民族的尊严。在国外衣着与环境和谐（如图 1–12 所示），会赢得他人对国家的尊重；在家庭和社会，代表的是每个人的尊严和家庭的文化素养；在一个城市，市民的服饰形象表现的是城市的文化底蕴。图 1–13 中两个法国老奶奶，坐在游塞纳河的轮船上，从她们身上折射出这个国度的文明沉淀。

图 1–14 是上海年纪稍大的女性的服饰形象，很具有代表性，表现了这个国际大都市的文化内涵。

图 1–15 是欧洲两个八十多岁的老人，衣着品位展示着城市文明和个人艺术涵养，很值得我们学习。

所以，无论审美对象是什么，无论审美过程中的情感体验和反应的表现是如何复杂，审美情感的本质都是积极、健康、向上的，审美过程中的愉悦总使人更加热爱生活、奋发向上。都市女性爱美、讲究服饰艺术，有利于身心愉快、健康长寿，是个人综合素质的体现。

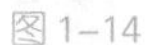
图 1–14

图 1–15

CHAPTER 2

第二篇

都市女性服饰特征

当代都市女性的服饰心理特征，是当代中国人的文化心态与服饰意识总体影响的结果。

一 当代国民服饰心理特征

服饰意识是当代社会物质文明和精神文明的综合反映，它决定着人们的服饰心理变化。随着中国经济的发展，人们物质生活水平的提高，人的文化心态、生活方式、服饰观念以及社会风尚，都与国际接轨。最为显著的是服饰意识和对服饰高品位追求的变更，速度之快、水平之高，令世界瞩目。服饰心理发生的明显变化可总体概括体现在三个方面。

1. 突出服饰个性

在中国传统文化忠孝、仁爱、忍让和克制、礼仪的熏陶下，谦虚容忍和自我克制成为老一辈们倡导的传统美德，这表现在服饰心理上是不敢创新、保守、自我束缚。这种从众心理怕展示自己，更不敢张扬个性。

西方文化与中国老祖宗“天人合一”的世界观相反，提倡“天人各异”和以自我为中心的处世哲学，追求自我、突出个性特点。反映在服饰观念上，即追求能体现自己个性特征的服装色彩、质感和款式。这种文化作用在服饰上能够增强个体的自信，挖掘人们潜在的创造力，对当代中国的影响很大。“和别人不一样”已经成为当代中国人的普遍服饰理念。敢于表露自我，并且具备一定的探险精神已成为时尚，不再以谦虚、保守、自我束缚为标准，追求个性解放的同时，摆脱了先辈们过分掩饰和羞于表露的保守心态。

个性服饰是当代人区别于其他时代的一个突出的特征，体现在女性身上尤为明显。当代崇尚男女并重的社会风尚，为女性展示自己的才能和精神风貌，创造了和男性进行公平竞争的平台，造就了不分男女、人尽其才、女子能建大业、成大事的社会氛围，使每个人都能释放自身的社会价值，彻底从压抑的传统服饰观念中解放出来。

图 2—1

图 2—2

男性在服饰上，也克服了大男子主义思想，更能自由地展现自我喜好与追求。有相当一部分男性，他们幽默自在，总喜欢在穿戴中多少夹带一点女性味，就像当今女性在穿着打扮上，青睐男性味一样。头戴西式礼帽，身着男式衬衫，下穿牛仔裤，俊俏的面庞更显几分帅气（如图 2–1 所示）。这是社会繁荣、政治开明、国运昌盛的一种必然反映，当年大唐盛世，男子的服装是头戴幞头，身着圆领袍衫，脚蹬乌皮靴，女着男装（如图 2–2 所示）风靡全国，而今男女风格混搭、女装男着、男装女着现象非常普遍。这是国民在追求服装个性美中的大胆表现，与传统的从众求同服饰心理形成鲜明的对比。当代中国时装设计师们，艺术处理好男女装同中求异、异中求同的关系，使之具备微妙的性别差异和个性特征，更好地衬托出男性和女性美，表现出男女性的角色和自主意识。

2. 注重服饰场合

服装早已过了遮体、御寒、耐脏等实用功能的阶段，如今更加讲究穿出品位、穿出身份、穿出情趣、穿出艺术，这是当代中国人服饰观念改变的第二个明显特征。

强调服饰的场合性，这与当代人丰富的生活内容、多样的生活方式密不可分，也是社会风尚变更的反映。当人们处于工作状态下，为了企业形象，体现自身的稳重与精干，以及使工作环境显得凝重与庄严，杜绝拉家常、聊天、视觉骚扰以及性骚扰等现象，自觉地穿上职业装，便于提高工作效率。选购或定做符合自己年龄、体型、气质、职业需要的职业装，成了很多职业人员的自觉要求，因此西装通常是首选（如图 2–3 所示）。

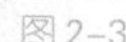

图 2–3

图 2–4

在双休日里,放松心情减缓工作压力，使生活变得更加有趣。安排丰富多彩的体育健身活动、社交娱乐活动、旅游观光活动，离开闹市面向大海去度假休闲，已经成了人们的时尚生活（如图 2–4 所示）。广场舞成为当代大妈健身的代表形式，广场舞服饰更是一朵盛开的奇葩，拓展了运动服的艺术表现（如图 2–5 所示）。喜好运动，崇尚体育和人体健美，并愿意花费时间、金钱和精力，去塑造自己的体格，努力使体质达到合乎人伦道德的理想标

图 2–5

图 2-6

图 2-7

图 2-8

准，是当代社会文明进步的具体表现。这也推动了人体运动装（如图 2-6 所示），如健美装、网球服等各类运动装的流行。

此外，随着假日经济的启动，旅游生活成了不少家庭必备的内容。为了增加这些生活给人们带来的惬意感，人们总爱选择轻松、自在、随意自由的装束来点缀自己。休闲装、旅行服成为当代人常见的时尚装束（如图 2-7 所示）。

当代国人，把社交生活看作是人生不可缺少的部分，也看作调节紧张生活节奏的放松手段，如去影剧院、出席音乐会、欣赏演唱会，泡酒吧等。人们需要根据不同的场合选择与之相适应的服装（如图 2-8 所示），使个人的审美意向、兴趣、喜好，与所处环境凝成一体、相映生辉，满足人们“我最特别、我是唯一的”愿望。人们根据场合穿着与打扮，既安抚了患有社交恐惧症的人，又给竭力想表现出色的人舞台。

3. 讲究服饰艺术

中国服装早已摆脱了“老三年”的窘境，经历了服饰打扮的饥饿期，那种一味模仿洋人，以“时髦”“引人注目”为打扮重点，对品牌的追逐

图 2-9

的盲从已成历史。将自己打扮得美丽得体，成了当代许多国人的基本素养。

人们着装不仅要考虑服装本身的色彩、款式、面料组合的合理性、艺术性，而且整体搭配即从头部到足跟、从内衣到外套，要服装款式与风格整体艺术相统一。图 2-9 中主体红色与鞋帽色彩相协调。着装者自身的气质与发式、脸部化妆、服装配件（如帽子、耳环、项链、手镯等的佩戴以及鞋袜、提包、雨伞等跟人体装备有密切关系的附件），讲究整体完备与协调。服装的风格与人体的完美结合，是服饰艺术性的展现，也是当代时尚达人的追求目标。

二

当代成熟女性服饰心理特征

当代中老年女性即成熟女性，她们的思想观念以及生活习惯，都与传统发生了明显的变化。她们对生活的观察、人生价值的体味、对美的审视和年轻人的思考不完全一样，但她们知道服饰反映的不仅是一个人的外表形象，还体现的是人的心理状态和审美思想，同时也反映了一个人的文化素质。因而，她们的服饰心理特征集中表现在以下几个方面：

1. 永葆青春的“年轻感”

以服饰弥补日趋衰老的遗憾，力求永葆青春的“年轻感”。人虽然在不同的阶段都有值得欣赏的魅力，但年轻时旺盛的生命力，朝气蓬勃的向上精神，特别值得人们留恋。它在一个人身上保留的时间长短也是衡量一个家庭、一个国家经济实力的标杆，有句古语“家宽出少年”说的就是这个道理。

进入中年以后即迈入了人生的成熟阶段，生理机能逐渐减退，皮肤不如年轻时有光泽、有弹性，脸部皱纹慢慢增多，体态趋向臃肿发福，感觉明显走向衰老。但对生命的感悟及体会更深，尤其经过创业的艰辛，倍感生命里程的短暂，总体思想上会出现一种逆反心理，即人老心不老。往往在下意识的行为中，表现出心不老、精神不老的言谈举止。比如，有些人特别愿意与年轻人为伍，关心时尚和各类娱乐活动，为自己增添青春的活力，提高生活的质量。更明显的是在外表服饰上，比年轻时更愿意穿红着绿，给人以朝气和活力的感觉，以求得心理上的缓解，达到自我平衡，这是大多数当代心理健康的中老年人不甘服老的正常心理反应。

成熟女性服饰，虽然还受许多因素左右，如职业、知识所产生的审美观的影响，也有传统习惯的束缚，以及来自周围环境、经济条件的考虑，但是希望自己比实际年龄小的永葆青春的"年轻感"，是中老年人服饰的主要心理特征之一，在部分中年女性中表现得特别突出。因为她们处于青年和老年的过渡期间，只要稍加修饰，就可以把自己留在青春的大篷车里，相反，一不留神就进了老年人的行列。

"年轻感"在服饰的选择上，成熟的都市女性比年轻人更愿意显小、显年轻，更注重亮丽、时尚。在鲜艳的色彩和新颖的款式的渲染下，服装遮盖住行将衰老的面色，女性重新放出青春的光芒。60 岁已经不是老年人了，按联合国的划分还在中青年范围，她们的心理更是要抓住生命的宝贵时光，体会人生、享受生命，以新的面貌更积极主动地面对晚年生活。所以，这部分人有时也会穿特别鲜艳的色彩，尤其是儿女们给她们添置的色彩鲜艳的服装（如图 2-10 所示），她们更乐意穿，因为消除了她们潜意识里的各种顾虑，给了她们极大的勇气和力量，使她们对生活更充满乐趣。

这种追求"年轻感"的心理，是一种积极向上的生活态度。人的衰老是不可抗拒的，但是可以人为地控制衰老的进程、延长青春的时间。图 2-10 中，这个色彩靓丽、衣着得体的女士给人依旧是年方十八的感觉，浑身上下没有一点暮气，谁会把她与年近花甲联系在一起。许多事实都证明，在衰老面前，人们对生活的态度，

图 2-10

是把握其进程的关键。你若自甘服老，甚至未老先衰，穿上暗色系列的服装，款式陈旧，没有健康的生活习惯，不给自己任何装饰，早早地就会出现老年人的体态。人们对她的印象就是“老人”。记得20世纪80年代，有外国朋友非常惋惜的评价：“中国妇女的青春期特别短。”现在人们普遍重视让人年轻的“魔术师”——服饰作用，它能够增添生活的乐趣和充实生活内容。无论女性的年龄多大，只要性情开朗，生活质量就会明显提高，就会永葆青春。现在的都市女性，从外表已经很难判断她们的实际年龄了，“人不可貌相”已被普遍认知，而且从外貌来判断一个人的年龄，差距越来越大。

2. 与时俱进的“新颖感”

给人新鲜、个性的与时俱进“新颖感”，是当代都市成熟女性在服饰上的明显特征。由于独生子女的家庭比例很大，养育孩子的任务不是很重，二孩政策的出台反应不大，她们希望给自己的生活多点空间。追求与时俱进的“新颖感”，不完全是时装，时时翻新、季季变化，而是一种新颖、适合自己个性的穿着方式。

“新颖感”和赶时髦是不一样的。成熟女性阅历丰富，对事物、对服饰的内涵有了更深层次的理解，在成熟美的表现也不断提高。因此，对服饰不愿按部就班，喜欢根据自身的条件、身材特点来变化款式。她们有更大兴趣和精力来关注服饰审美意向，并“自我设计”。图2–11中红毛线裙是利用旧长裙，改成了流行的短裙。对领子、袖子、口袋、下摆的改变，有自己的考虑，不会盲目的赶时髦。她们对流行文化的认识有自己的独特见解，流行的东西不一定适合自己，不会盲目跟随。

图2–11

另外成熟女性在大的文化环境背景下，除了服饰鉴赏阅历丰富，还多了一份经济头脑。因为时尚的服饰价格偏贵、造型

图 2-12

图 2-13

图 2-14

随意，与自己的客观条件常常相矛盾，这就决定了成熟女性追求与时俱进的“新颖感”，必须有自己独特的品位和内涵。这种“新颖感”，要体现与国际流行的同步，在自己特色的服装款式里，加进流行元素，注入时代特征。图 2-12 中是杭州 87 岁的不老女神周 X。她身穿的背带裙是当今的流行款，也是 20 世纪的工装，表现出年轻向上的鲜活魅力。

我们的近邻韩国，年轻女孩子普遍喜欢黑白灰等比较深沉洁净的颜色，图 2-13 中的年轻女孩，在深沉颜色的反衬下，清纯亮丽，娇嫩的肤色更加突出，而且增添了几分内涵。而年纪越大的女性服装的颜色越亮丽，装饰越讲究，充分利用了服装对人体的装饰功能。

年纪大的妇女在艳丽的色彩的装饰下，稍加修饰面容，就可以遮盖衰老的肤色，映衬出成熟的魅力，弥补衰老给外表带来的遗憾。因此，亮丽、款式新颖的服装，对年纪大的女性烘托作用更重要，图 2-14 中的这些退休的老教师，个个着装色彩艳丽，年轻、漂亮、风韵依旧。

3. 长者风度的“稳重感”

生活环境赋予年纪大女性的服饰要求有长者风度的“稳重感”。

成熟女性多半是妈妈、奶奶辈，在年轻

图 2-15

图 2-16

人眼里是长者，在单位是老前辈、老师傅，因此服饰上要求“稳重感”，这是与年龄、身份相符合的。产生这种服饰心理的原因，是由她们的年龄、资历、阅历等因素决定的。

成熟女性希望自己有一种让人尊重和信任的感觉，这种感觉不只是中老年教师或机关的知识女性所有，就是一般中老年主妇，都会考虑“稳重感”，这是社会生活对上了年纪女性在服饰上的正常要求，也是中老年女性服饰审美的评价标准之一。图 2-15 中红花纹金丝绒披肩与黑色套裙搭配，在显示雍容华贵的同时给人稳重雅致的美感，衬托了年长者的风度。

长者风度的“稳重感”，曾与灰、暗色调画上等号，服装款式与时尚、潮流大相径庭，这是一个误区。成熟女性服饰上的这种“稳重感”，在服装的质料上、款式上、色彩上、工艺上，区别于年轻人。这种款式不像年轻人那样在质料上可以追逐流行“薄”“透”，那样会把已经松弛的躯体直接显露出来；款式上不能像年轻人那样完全跟着流行感觉走，忌讳“露”“短”“紧”；在色彩上慎用浅粉等滋嫩色彩，因为发福的体形被嫩色一强调，不但不美反而变得丑陋，衰老的皮肤被浅嫩的色彩一对比，更显得苍老。图 2-16 是在广州的街拍。一位老者头戴粉红的发夹，给人不是年轻的感觉，而是精神出现了问题。这种装饰笔者遇见过几例，这些年纪大

图 2-17

图 2-18

的女性爱美可敬，但要有美的基本常识。

长者风度的稳重感，是年轻人望尘莫及的，服饰上要求制作工艺精细，展示上了年纪的人特有的严谨和气派。年纪大的女性一般忌穿松松垮垮的休闲服，发胖松弛的肌体需要服装的修饰和弥补，不能给人留下不精神的印象；也不能穿太紧绷或太短小的款式让自己局促不安、滑稽可笑，有失长者的风度。图 2-17 中的两位欧洲老人，服装面料比年轻人的贵重，色彩搭配很有讲究。

这种长者风度的“稳重感”，不是老气横秋、暮气沉沉，而是高雅有风度的贵重感，它一是体现在质地高档的面料如毛料、呢绒、真丝所带来的挺括、厚实的重量感。二是体现在服装款式的合体裁剪和精致的工艺制作上。三是反映在服装的色彩上，以明快的中性色为主，有一些亮丽的花色也能表现“稳重感”（如图 2-18 所示）。款式上赋予时代特征，跟上流行的步伐，体现长者的丰富文化内涵。

以上三种服饰心理，从不同侧面反映了当代中国成熟女性服饰的心理特征。其中“稳重感”在老年女性中占绝对比例，而“年轻感”“新颖感”，在中年女性中表现相对突出。

“年轻感”“新颖感”“稳重感”这三者之间看似有些矛盾，给中老年女性在选择服饰时带来困惑。追求“年轻感”“新颖感”时，怕有失“稳重感”，强调“稳重感”时，又不想太老气、暮气。如果把“年轻感”“新颖感”

比作一辆汽车的加速挡的话，“稳重感”就是汽车的刹车挡，调节着安全行驶的速度和方式。如果三者调节综合得好，就被认为是年轻中见风度，潇洒中见稳重，活力中见庄严的成熟女性服饰。如果偏离任何一方都会造成“太花哨”“太古板”“太时髦”的不良后果。

“年轻感”“新颖感”的穿着，是当代都市成熟女性选择服装的首要标准，更是中国女性服饰进步的表现，与发达国家的中老年女性服饰并驾齐驱，在服饰的色彩搭配、着装方式、修饰手段等方面，展示当代女性成熟的魅力和特有的风韵。

CHAPTER 3

第三篇

服饰艺术烘托都市女性

现代文明的精华集中体现在服饰烘托人体上。但正确认识人体与服饰之间的关系是关键，人体与服饰哪个是主体位置，通俗理解即两者之间谁是主人谁是仆人，是人选择服饰还是服饰选择人体？这个问题的解决有助于提高人们的服饰理念。

一

人体与服饰的关系

人类探索这个问题经过了几千年的历史，在这个过程中付出过沉重的代价，最终才有了正确的答案。

图 3–1

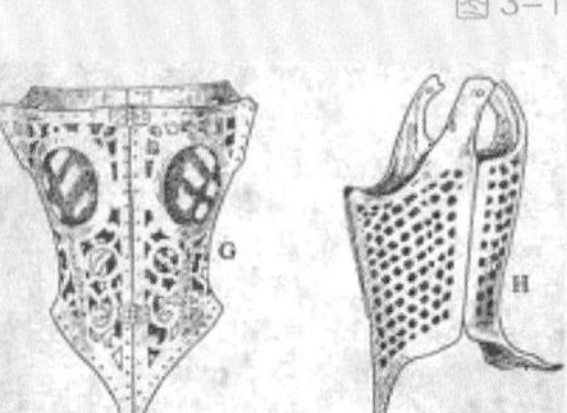

图 3–2

早在 16 世纪的欧洲，伊丽莎白一世，都铎王朝的最后一位君王，她大力提倡束腰（如图 3–1 所示），历史记载她为自己定制的紧身胸衣只有 13 英寸，一英寸相当于 2.53 厘米，比中国的一寸还小，仅如碗口般大小。据说贵妇腰超过 14 英寸不得进入宫廷，带动了举国上下皆对纤细腰肢趋之若狂，铁制、木制的紧身胸衣应运而生，裙腰线越来越向下尖去，突出细腰的美感（如图 3–2 所示）。当时强制束腰的女性，内脏错位，她们的平均寿命为三十几岁。让人的身体适应服饰美标准，给女性带来了极大的痛苦。无独有偶，在中国南唐后主李煜在位期间，李后主有一个宫嫔叫窈娘，别出心裁用帛将脚缠成新月形状在金莲花上跳舞取悦皇帝，其他妃子纷纷效仿，后来这个做法流传到民间，缠小脚之风渐渐普及到了百姓人家，“三寸金莲”（如图 3–3 所示）成了中国上千年衡量女性美的标志之一。女子为了达到“三寸金莲”的要求，从 2~5 岁开始裹脚，导致脚趾变形，裹脚布浸透了女性痛苦的血和泪，这样的痛苦在中国女性身上延续了上千年。

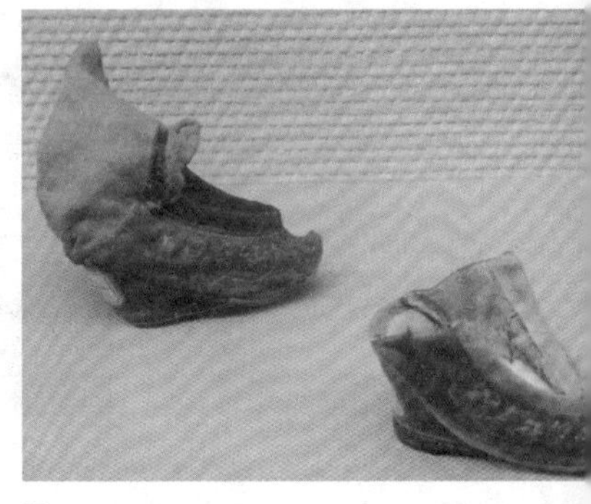
图 3–3

又如 19 世纪法国拿破仑时代，人们崇拜古希腊、古罗马的文明，图 3–4 为古希腊时多利安式希顿，一种男女都穿的基本服装样式。它用一块不需要裁剪大小的布，相当于人手伸直双倍宽，比人头还高长度的面料，然后根据性别差异折叠，用金属扣针固定双肩，用绳带区分上下体型包裹人体，人体行动时衣褶会随之飘动，以展示人体自然美为其风格特征。拿破仑倡导新古典主义的艺术特征，一味强调人体自然美，妇女在寒冷的冬天追求时尚，模仿古希腊的衣着风格，穿着单薄透明的白纱短袖长裙（如图 3–5 所示），结果大批妇女受寒患上肺炎丢掉性命。

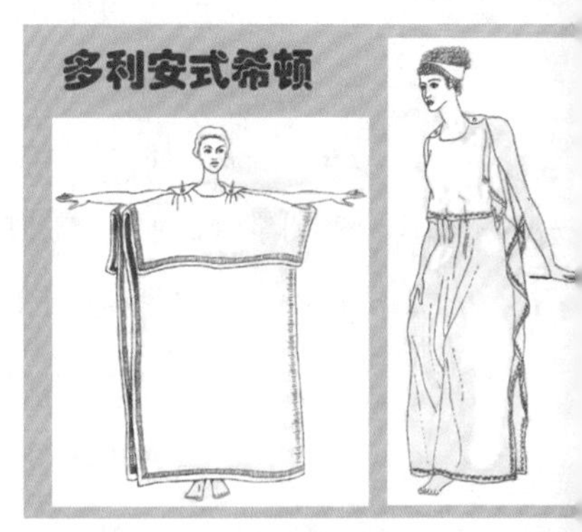

图 3–4

图 3–5

人类经历了以上这些人体适应服饰的痛苦，才知道在服饰美中衣物烘托的主体是人，人体不能成为服饰的奴隶，在二者的关系上，人体是第一位的，服装处于服从的地位，服装对人体起烘托作用。服饰美的标准应该以人体的健康、舒适为前提，而不是像古代“削足适履”。这是人类服饰美学的一个质的飞跃，这种观念的确立，为当代的服装设计师建立了服装设计的科学理念。

图 3-6　图 3-7　图 3-8

确立这种科学的设计理念，有助于改变人们的传统观念。以往认为年轻貌美的姑娘才需要装扮，那种“锦上添花”的观念，正是人体依附服装的翻版，显然是错误的。另外，认为女人年纪大了没有先天的身材条件，“破罐子破摔”无须装饰更是否定了服饰对人体的装饰作用，同样是不可取的。服装是服务烘托人体的，先天形体条件不好的、年纪大外形发生变化失去自然美的，更需要服装的修饰。图 3-6 至图 3-8 为一个上了年纪的人，经过服饰装扮后判若两人，充分显示了服饰修饰人体的神奇作用。

二 服饰美化人体的要素

服装对人体的装饰作用，利用服装与人体之间的反差，产生强烈的视觉效果，实现服装美化人体的目的。服装美不美，取决于是否提高了人的形象，给着装者增添了光彩，使着装者与服装达到了和谐统一。如果只见服装不见人，着装肯定是失败的。在服装的设计中，通常以强调和夸张人体的某一支撑部位为主，表现服饰美。

每个人体都有各自的特点，也存在不理想的部位，俗话说得好“人无完人，金无足赤”，世间没有一个人是完美无缺的。中国历史上的四大美女——西施（如图 3–9 所示）、王昭君（如图 3–10 所示）、貂蝉（如图 3–11 所示）、杨玉环（如图 3–12 所示）亦如此。她们虽有沉鱼落雁之美，

图3–9

图3–10

图3–11

图3–12

图 3-13

图 3-14

图 3-15

但也有不理想的部位。

据说西施虽美但有个缺点，脚比一般少女要大，为了掩饰这一缺点，西施便穿长裙、着木屐。长裙遮住了她的大脚，木屐则使长裙不致拖曳地面，步态婀娜轻盈更使吴王爱怜。

王昭君和西施一样，也有自己的不足之处：双肩仄削。王昭君有自知之明，针对自己的缺点设计了弥补的办法：在衣服外面罩上一件有肩垫的披氅，这样一来效果立见，缺点不见了，反而显得更加绰约动人。貂蝉的耳垂偏小，为了补救这个缺陷，貂蝉就戴上了大碧玉耳环，借以抵消这个缺陷。

杨玉环虽然国色天香，却患有“狐臭小疾”，她为了掩盖这一缺陷，经常在华清池用香汤沐浴，还特别注意穿着，平时将衣服和香妃草一块儿存放，穿着前都用檀香熏过。

她们能够以中国四大美女流芳千古，个个都非常聪明，利用服饰对人体的衬托作用以巧补拙，把别人的视线从缺点部位转移开来，强调理想的部位，达到扬长避短的服饰效果。

除了各自的特点以外，人与人之间还存在着许多差别，如年龄、性别、体形、文化素养、行为特点等，这些差别直接影响服饰效果。在诸多因素中，年龄差别在服饰效果中起主导作用，它影响着其他因素的变化。

通常在服装行业里，把人群最大块别从年龄上分为中老年人（如图 3-13

所示）、年轻人（如图 3–14 所示）、儿童（如图 3–15 所示 ）。不同年龄段的人群最大不同又集中在形象特色上：

第一是生理形象，包括身材、体形、容貌、肤色。

第二是理性形象，包括科学知识、文化素养、思想、信念、信仰、价值观念等，主要通过人的气质表现出来。

第三是动作形象，包括个人的生活环境、劳动技能、生活方式或习惯动作。

这些形象特性随人体而变化，烘托人体的服装也随之发生变化。服装的变化主要通过构成服装的三要素的变化而变化，体现在色彩、质地、造型的变化之中，了解服装的色彩、质地、造型在不同人体中如何变化，达到装饰、美化人体的目的，有助于人们提高服饰水平。

1. 色彩在服饰中的美感

服装以它特有的形式展现在人们眼前，以形、色、质的魅力激发人们内心求美的欲望,促使人们竞相追随、模仿，一次又一次地掀起流行的热浪。一些知性的人往往能在时髦、流行的浪潮里发觉美的真谛，在追随中寻找到适合自己的服装造型和配色。经过反复实践，人们会发现，在形成服装协调美的诸多因素中，色彩具有举足轻重的作用，它是服装的精神支柱，能显示一个人的气质与格调（如图 3–16 所示）。性格开朗的人，从事艺术工作的人，能够驾驭靓丽的颜色，处理好色彩的面积比例，创造出一个比较完美的形象。许多人对色彩的基本知识比较陌生，叫不出名目繁多的色相和色调，但自然界的色彩是最为丰富的。只要仔细观察，便能学到许多有关色相的知识，如远处高耸着的蓝紫色的山，乡

图 3—16

间早晨淡淡的青紫色的烟；湛蓝色的大海令人心胸开阔，充满生气和希望；蔚蓝色的天空白云朵朵，使人心境明朗轻松；春天的树叶是嫩绿，夏天的却是油绿，秋天的则五彩缤纷——深红、土黄、橄榄绿，把大自然装点得绚丽多姿；而冬天的树叶呈现的是深褐色，庄严肃穆，这就是自然界的色彩……它给我们启迪，让人们产生无比的欢欣和遐想，从而创造出更为丰富的色彩。

色彩是服装设计的基本要素之一。它在服装上的运用，不仅参照一定特性和规律进行搭配，也涉及人体的肤色、发色、性格、习俗、情感等特点，对场合、环境也必须综合考虑。因而服装上的色彩，与复杂的政治、历史、心理、哲学等关系紧密，具有明显的寓意倾向，在表现人类服饰风格中处于重要的地位。它与服装造型的美感关系至为密切、相互依赖。所以，在讲究服饰艺术的今天，色彩知识的普及非常重要。

色彩是一门内容丰富的科学，它涉及许多知识，在这里为了帮助爱美的女性朋友了解它在服装烘托人体中的作用，我们首先来了解一下色彩的基本常识——色彩三要素。

（1）色相

颜色有如人的相貌，叫做色相。图 3–17 是个色环，上面是区别赤、橙、黄、绿、蓝、紫等六个代表颜色的名称。特别要说明，蓝和青区别甚微，有的就以青作为代表色。讲色相，主要是用来区分各种不同的色彩，就像人的名字叫起来方便。自然界色彩缤纷，有几万种，但肉眼能辨别的只有几十种，而绝大多数色彩是无法命名的，只能大致地说：这是偏蓝或偏灰，那种是淡淡的浅红等。我们要学会从相似的几块颜色中比较它们不同的地方，如对于紫色，有深紫、浅紫或蓝中带紫等。熟悉和把握各种颜色的色相、面貌，便于选择适

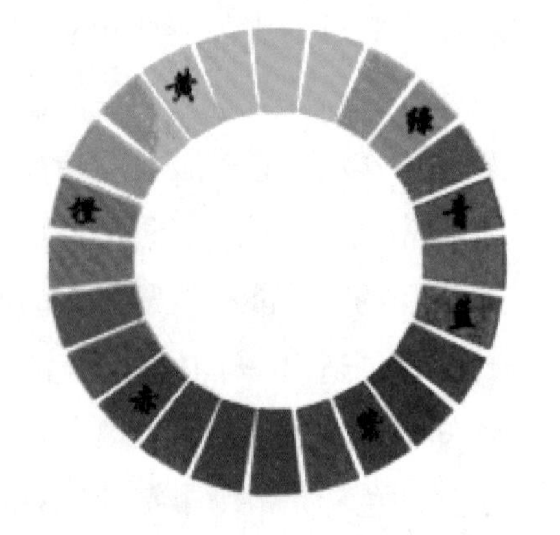

图 3–17

合自己穿着的色彩。

（2）明度

明度是指色彩由明到暗的变化程度（如图 3-18 所示）。明度一般来说有两种含义：一是同一色相受光后的强弱不一，产生了各种不同的明暗层次，如绿衣服受了光，即有浅绿、淡绿、深绿、暗绿、灰绿等不同明度的变化，形成了人物画似的立体感；二是指颜色本身的明度。在红、橙、黄、绿、紫、蓝六色之中，黄最明，紫最暗。如果把一张彩色画拍摄为色相，就可以看到在画面上紫色最深，红与蓝次之，黄色最亮。画面上偏黄的色是明色，属于“明调”；偏紫的色，属于“暗调”，其他偏绿的色属于中间色。如果把黑与白同时混合加入其他色，即产生含灰调。我们不要忽视色彩本身的明度，懂得色彩的调子，可以根据自己的体形、肤色以及个性来选择服装的色彩。爱美的朋友在选择服装的颜色时，一定要考虑我们属于黄色人种，年纪大的人黄皮肤失去了光泽加之松弛呈现的是褐色，本身明度不够，需要服装的光亮来提升。在选择服装颜色时，传统的深暗色调是一大错误，只能加大人的灰暗度，使人显得更没有精神，可谓雪上加霜。

（3）纯度

纯度也是彩度（或称颜色的饱和度）。通常我们说红、黄、绿是指原

图3-18

图3-19

图 3–20

图 3–21

图 3–22

图 3–23

色没有调的颜色。颜色的色素包含量达到极限强度，可以发挥其色彩的固有特性，也就是该色相的标准色。如果在原色中，掺入一点黑色或任何其他的颜色，这个原色的纯度（饱和度）即随之降低，颜色略变灰；掺入越多则纯度越低，灰色也就越明显，直到变为黑浊色，本色随之消失。如果对一个色相掺入白色时，纯色渐失色味，减少鲜度，白色加入越多则色彩越淡，越淡就越明，称为明色。色彩的明暗从视觉效果来看，在心理上产生质量感，即明色比实际的感觉要轻些，暗色则重些。图 3–19 的着装基本都是红色系列，但红色的纯度都不够，不那么刺眼。掌握这个原则，可以调节服装的配色关系。只有恰当地运用彩度，才能使服装色彩更加鲜明生动而产生艺术魅力。

色彩是有生命的，像人一样有自己的个性，色彩的生命力，不仅表现在它本身所表现出来的美学魅力，它还对人的心理产生巨大影响。不同的色彩给人的情绪不一样，当人们心情特别好时，穿上亮丽色彩的服装，会让人精神焕发。一般来说：

白色（如图 3–20 所示）——明快、洁净、朴实、纯真、清淡、刻板。

黑色（如图 3–21 所示）——严肃、稳健、庄重、沉默、静寂、悲哀。西方参加葬礼的人都是穿黑色。

灰色（如图 3–22 所示）——温和、坚实、舒适、谦让、中庸、平凡。

红色（如图 3–23 所示）——热情、激昂、爱情、革命、愤怒、危险。

橙色（如图 3–24 所示）——温暖、活泼、欢乐、兴奋、积极、嫉妒。

图 3-24

图 3-25

图 3-26

图 3-27

图 3-28

黄色（如图 3-25 所示）——快活、温暖、希望、柔和、智慧、尊贵。

绿色（如图 3-26 所示）——和平、健康、宁静、生长、清新、朴实。

蓝色（如图 3-27 所示）——优雅、深沉、诚实、凉爽、柔和、广漠。

紫色（如图 3-28 所示）——富贵、优婉、壮丽、宁静、神秘、抑郁。

这些只是其中一部分。但我们必须知道，色彩的感情与象征不是绝对的，它随着时代的变化而变化。就我国古代而言，殷代尚白、周代尚赤、秦代尚黑、汉代尚赤、魏代尚黄，从此黄色就成为帝王的象征，有所谓“黄袍加身”乃是真龙天子的出世之说。就现代而言，由于国家民族的不同，对色彩的喜爱程度也有所区别，如东方国家之中国、日本、新加坡、马来西亚等国的人喜爱红、黄色，认为白色不吉利（孝服），但希腊人、埃及人对白色特别喜爱。德国人爱黑、灰色，意大利人爱绿、灰色，信奉伊斯兰教国家的人大多喜欢绿色，保加利亚人衣着大都选用不鲜艳的绿色和茶色，不喜欢用鲜明的色彩等。一般来说，历史的传统、民族的习惯和宗教的信仰，形成了色彩的爱好与禁忌。其中宗教信仰对色彩的偏向尤其突出。当然，色彩如果就个人而言，则因个性而异，故服装的色彩，必然能反映穿着者的个性。

再则，色彩的组合是服装美的主要因素之一。希腊人说：“所谓美是在变化中表现统一的。”所谓变化，求得色彩丰富；所谓统一，求得色彩调和。色彩既丰富而又调和，这就是服装色彩所追求的和谐美的原则。有的人服装用色特别出彩，有的人服装显得艳俗不堪，关键在于对色彩的感知与搭配知

图 3-29

图 3-30

图 3-31

图 3-32

图 3-33

识的缺失。要学会应用好色彩，就要懂得色彩搭配的一些基本常识。

（1）同种色相配

把同一色相，明度较近的色彩搭配起来，最易调和，图 3–29 中大衣的色彩是土黄系列，围巾的色彩与大衣是一个色系，只是纯度减弱更加明快，属于同种色彩，搭配起来容易达到统一和谐的美感。同种色相配要适当注意深浅色的差距，色差不能太近，近则不鲜明，看去混浊不清；相差太远，又嫌生硬，就像音乐一样，一个音调太平板，而一个音调高八度，也就刺耳了。

（2）邻近色相配

图 3–30 中淡黄与绿色、绿色与蓝色相配，在色谱上相近的色搭配起来，易达到调和的效果。但这样搭配时两个颜色的明度与纯度最好错开，才能显示出调和后的变化，起到一定的对比作用，看上去明快和谐。

（3）对比色相配

在两种色彩相比的效果之间若能看出明显的不同，我们称之为对比相配。在观察色彩效果的特征时，有七种不同类型的对比：

①色相对比，图 3–31 是红、绿、黄三色形成的对比。

②明暗对比，图 3–32 是红色与黑色形成了明暗的对比。

③冷暖对比，图 3–33 是胭脂红暖色与灰冷色形成的对比。

图 3-34

图 3-35

图 3-36

图 3-37

④补色对比，图 3–34 是上衣紫色与下装裤子明黄形成的对比。

⑤同色对比，图 3–35 是下裤赭黄与大衣米黄形成的对比。

⑥色度对比，图 3–36 是不同灰色度形成的对比。

⑦面积对比，图 3–37 是玫红色与艳蓝色形成的面积对比。

色彩对比中必须利用二色之间的协调关系，才能起到调和的作用。如果把完全不同的两种色彩，无统一亦无秩序地搭配在一起，容易导致过度刺激，虽增加明快感，但心理上却失去平衡，会造成不舒服的感觉，也不可能产生美感。若将色环直径两端的色彩成对比色，配置在一起，产生的是补色关系，如红和绿、黄与紫、橙与蓝两种颜料调和后产生中性灰黑色，我们就称这两种色彩称为互补色。从物理上来说，两种互补色光混合在一起时，会产生白光。这样的两种色彩，既互相对立，又互相依存。当它们靠近时，能相互促成最大的鲜明性；当它们调和时，就会像火同水那样互相消灭，变成一种灰黑色。故我们又称之为配偶色。当两色互相对照时，最有活跃感，表现出新鲜的效果；但这两种色彩在视网膜上由于产生灰黑的现象，终于中和，眼内就能得到安定的平衡状态，产生调和感，故叫补色对比。所以麻将和桌垫布就常常用红和绿这两种颜色，也是出自这个道理。但在服装的补色中必须谨慎处理两者之间的面积比例关系，忌平分秋色，不要两色大面积的对比，要突出一个主色调，另一个色彩为辅，就像图 3–37 一样，裙上部分蓝色占主导地位，下裙以红色为主，蓝色为辅，

图 3-38

图 3-39

图 3-40

图 3-41

但总体上突出了红色，靓丽中不刺眼。

具体来说，一套服装的色彩，一般不宜过多；上下装分体的，如果上装是花色，下装就取上装花色中的一种，根据着装人体的特点选取色彩，比较容易协调。一件单色的服装应与人的肤色、服装的小点缀等相适应。要得到服装色彩的均衡的视觉效果，调整不同轻重、强弱、进退、冷暖色彩的面积比重，才可以达到视觉上的平衡。图 3–38 中服装以藏青色、白色与紫红外套搭配，从头到脚都注意了色彩的协调关系，以藏青色为主调，帽子、包、鞋都突出了藏青色彩，白色在这里与红色外套起协调作用，视觉效果非常和谐雅致。即便是比较容易协调的黑白配色，如果在服装的形态、色彩的位置及面积比例的处理上不合适，也会产生不理想的色彩效果。

任何色彩在服装上都不要孤立出现，需要同种色、同类色或对比色进行上下前后左右各方面的互相呼应。色彩的呼应有两种形式：一是局部呼应，另一种是全面呼应（如图 3–39 所示），绿花上装与绿色短裤搭配，土黄色包与上装花色相呼应。此外还可包括头部、脚及手套等整体色调统一。

总之，服装的色彩组合，需要变化与统一。统一的条件过分的时候，将产生肃静，刺激变小，使人产生厌倦感，显得死气，这种着装在改革开放前是中国人着装的常态，现在完全改变。另外当变化的条件过分的时候，图 3–40 中上装里外都是花色，色彩之间没有关联，手上的包与服装色彩也没有呼应关系，产生跃动感，减少稳定性，给人一种混乱的感觉。这是广东地区年纪大的人着装比较常见的问题。因此，需要统一与变化的均衡，才能产生色彩的秩序感。图3–41中整套服装统一在蓝白的变化中，服装的搭配从头到脚，上下里外色彩的变化有种韵律感，体现了全面呼应关系。

另外，从色彩的明度来说，有深浅之分。在红、橙、黄、绿、蓝、紫等六色之中，黄色最明亮，紫色最暗，其他各色皆处于灰与深灰之间，如蓝灰较深，橙灰较浅。这就是说，如果把颜色对比起来看，紫色暗而色深，黄色明而色浅。再从色彩的纯度来说，又有浓淡之分。而色彩的浓淡深浅给人的视觉形成了不同的差别。一般来说，浅淡的色彩有放大感，深浓的色彩有收缩感。人有肥瘦高矮，色有深浅浓淡。什么体形选什么色彩，根据这个原则可以达到修饰形体的作用。

2. 质料在服饰中的魔法

面料是构成服装的又一重要因素。随着科技进步，纺织面料、无纺面料及新开发的各种材料以其特有的质地、性能、机能、风貌为服装设计编织着多彩的梦。每年都有新的面料问世成为流行的重要因素。制作服装的材料种类很多，每种材料织造工艺、后期处理工艺不同，分别具备了各自特有的织纹质地，而人的视觉和材料的质感决定材料的风格。如：棉织物是由植物中的种子纤维织成的，具有吸水性、透气性良好的特点，但易皱褶，缺乏挺括，但平淡易皱的棉布却有一分质朴稚嫩的气质等。羊毛织物（如图3–42所示），导热困难，具有冬暖夏凉的优点，是四季皆宜的面料，具有优良的弹性，穿时不易起褶，外观有挺括与柔软相结合的性能，不但容易裁剪缝制，穿时还给人以稳重大方的美感，一直是高档的面料。丝织物，是以蚕丝纤维织成的纤维丝纺织

图3–42

品，主要来源于桑蚕、榨蚕及人造丝，具有手感软绵、光滑明亮、轻盈飘逸、穿着舒适等特点。有光泽的面料可体现华贵、富丽、含蓄、神秘的风格，是高档的衣料。穿着丝织品服装，显得绚丽夺目，光彩照人，给人以富丽豪华之美感，是其他纺织品所难以比拟的，因此它素有纺织“皇后”之美称。

纺织纤维有天然纤维和化学纤维两大类。天然纤维是从自然界存在的植物、动物以及矿物中获得的纤维。如棉花、巧麻、亚麻等就是植物纤维，主要成分是纤维素，是由碳、氢、氧三元素组成的高分子化合物。在纤维素分子中存在大量的亲水基(羟基)，故具有良好的吸湿性，以这类纤维为面料制成的服装穿着舒适通气。蚕丝、羊毛、山羊毛、兔毛、骆驼毛等都属于动物纤维。主要成分是由碳、氢、氧、氮四种元素组成的高分子化合物——蛋白质构成。这类纤维弹性都比较好，织物不易折皱，也不怕酸的侵蚀，但怕碱的腐蚀。天然纤维大都具有良好的物理化学性能，如手感柔软、吸湿性强、通气性好、染色性能好，穿着舒适，因而越来越受到人们的喜爱。

化学纤维是指通过化学工艺加工而取得的纤维。按其采用的原料及处理方法的不同又分为人造纤维和合成纤维。人造纤维是利用含纤维素或蛋白质的天然高分子化合物如木材、棉短绒、蔗渣、芦苇、大豆、乳酪等做原料，经化学机械加工而成，主要有粘胶纤维、醋酯纤维、铜氨纤维。市场上常见的人造棉、化纤布、人丝绸、美丽绸就是这类纤维纺织而成的。由于它们的许多性能与天然纤维相似，所以也受到广大群众的喜爱，图3-43中的服饰就是这种面料。

图3-43

合成纤维是利用煤、石油、天然气、农副产品为原料，经化学合成与机械加工制得的高分子化学物。常见的有涤纶、锦纶、腈纶、维纶、丙纶、氨纶。涤纶的学名为聚对苯二甲酸二甲酯，简称为聚酯纤维，涤纶是我国的商品名，在国外称谓有多种。

各种合成纤维大都具备强度高、耐磨、耐化学腐蚀、相对密度小及不易霉变虫蛀等胜于天然纤维的优点，但它们几乎都存在吸湿性差的缺点，因而穿着的舒适性不及天然纤维。

图 3–44

总之，选择面料，首先要看穿着者的体形，服装面料对于穿着者的体形有较大的影响。从面料的质地来说，制作胖体形人的服装，不宜选择太厚或者太薄的衣料，因为太厚增加臃肿感，太薄容易暴露肥胖感，故应选择厚薄适中而质感柔软的面料，这样既可以掩盖体形肥胖的缺点，又容易塑造出线条美。而瘦体形者选料宜厚也宜薄，较厚的衣料不但能使服装造型线条清晰，而且还能把体形衬托得有丰腴感。较薄的衣料不但能显示体形苗条的曲线美，而且也能表现出潇洒飘逸的风度美。如果从面料的色泽来说，制作胖体形人的服装最好选择无光色冷的衣料，以示收敛；不宜选择色暖而有光泽的衣料，以免扩张，使体形显得臃肿。而对于瘦体形的人，特别是身材纤小的女性，制作服装时，最好选用色暖而有光泽的织物，富有扩张感，以显示出丰腴美。年纪大的女性在选择面料时质地必须放在首位，因为衣料的质地不同，色彩效果不一样。比如，同是黑色面料，带有绒毛的能冲淡黑色给人的寒冷与坚硬之感，显得丰满而柔软，有光泽的显得华丽，无光泽的显得朴素。上乘质地高档面料，如图 3–44 中的紫红大衣，很有明星风范且很显气派。

3. 造型在服饰中的妙用

服装的造型在服装烘托人体中，侧重于艺术创造，利

图 3–45

图 3–46

用形象思维的方法，通过外部造型同内部结构的有机结合，经过裁剪、缝制、整烫等具体手段来完成装饰人体的任务。它既要符合新潮流和时代的总趋向，又要美化人的形体，表现穿着者的气质和个性美，它在三要素中占据领先地位，是进行服装设计非常关键的表现要素，也是时尚女性选择服装时特别要注意的，许多学者对其进行了研究，把服装造型总的概括为：H 型，X 型。并且认为 X 型是女服的代表型（如图 3–45 所示），H 型是男装的代表型，两者之间相互交流变化，派生出许多各具特色的外廓形。

（1）H 型的特色是直线造型

其长和宽的比例不同，所构成的外廓形的名称也千变万化，如管子型（如图 3–46 所示），铅笔型，箱型，圆柱型，袋子型，希夫特型等。H 型上窄下宽时即成梯形或三角形（A 型）；上宽下窄时就成了倒梯形或倒三角形（V 型）；H 型左右的两条直线向外凸时，呈椭圆形型，鼓型，酒桶型，卵型；向内凹时就变成双曲面型，喇叭型，甚至 X 型。

（2）X 型的特色是曲线造型

X 型与 H 型不同，上下两个三角形的顶点重合在腰位上，上体部和下体部明确分开，特别是下体部的变化更具特色。X 型的变化要素有三：一是肩和衣摆的宽度，这是 X 型的上下两个边的宽度变化，不同宽度的组合形成截然不同的视觉形象，可分为宽肩宽摆、宽肩窄摆、自然肩宽摆、自然肩窄摆、窄肩宽摆、窄肩窄摆等几种类型。二是腰线位置，这是决定服装造型上下比例的重要因素，腰线可在乳房下的高腰位到臀线附近的低腰位之间移动，分为高腰身、半高腰身、自然位、半低腰身和低腰身；在前后关系上，还有前高后低，水平或前低后高之倾斜变化。三是曲线化状态，两个顶点重合的三角形任何一条边的弯曲变化，就会改变X型的表情。可大体分为线条外凸形成的伞形、圆屋顶形、沙漏形及使用了裙撑的膨臌形和外凸曲线上局部内凹的钟形、喇叭形、流线形、S形及后凸的巴斯尔形等。

图3-47

H型与X型的共同点在于前者的中央横线和后者的中央交点均位于腰线上。随着时代的变迁，流行的更替，这两种分别代表男女两性的外廓形也常相互交流。H型的两条直线向内凹时趋于X型，X型的交点变宽时（腰身放宽）就趋于H型。奥迪尔1955年推出的Y型也可分解为X型的上半部与缩小的H型的下半部之结合。由此可见，千变万化的服装外形归纳起来似乎都与X型与H型有关，或者说是在这两个基本型上的演化。其中H型更适合身材发胖的朋友及年纪大的女性，如果X型的女性装扮只能显得更加肥胖，而H型则能掩饰其体形臃肿（如图3-47所示）。

以上我们分别了解了服装美化人体三要素的基本知识，但这三者之间是不可分割的，服装造型本身就包括款式的设计，材料的选择，色彩的搭配。色彩、质料、造型三者在服装烘托人体时担任了重要的装饰任务，它们之间又是不可分割的统一体，用人体来比喻的话，色彩是服装的面孔和肤色，质料是服装的骨骼和血液，造型则是服装的灵魂，对其他两个方面起指导和调节作用。世界上没有哪一种颜色是绝对不好看的，也没有任何质地的面料是绝对不好的，关键在于造型、色彩和质地

图 3-48

图 3-49

图 3-50

三者的艺术结合上，形成三者的和谐统一，最终决定服装的最佳展示。

因此，服装美实际上是色彩、质地、造型三者艺术变化的结果，而人是变化的依据。中老年服装不同于青年服装，图 3-48 中的童装有别于成年人的服装，差别在于衣物对人体烘托点的区别上。

中老年服装（如图 3-49 所示），能够把中老年所拥有的成熟、端庄以及富有内涵的气质烘托出来，青年人通过装扮（如图 3-50 所示）展示青春的魅力，儿童服装（如图 3-48 所示）突出少儿的天真烂漫、活泼可爱。根据服装三要素在烘托人体时的独特作用，对不同人的服装，色彩、质地、造型在设计中的地位各不一样，有主次之分。中老年服装注重面料质地的考究，青年人服装则讲究造型设计，儿童服装格外注意色彩与图案的运用。但是，无论哪种服装，在设计中都不能孤立强调某个方面，要根据各自形象特点在主次上有所区别，这也是不同服装烘托不同人体，最终使服装与人体达到完美和谐统一的体现。

服饰对人体的修饰技巧

不管是哪个年龄段，都有身材不理想的人群，特别是中老年女性，普遍会随着新陈代谢的降低，在体态上趋向臃肿，尤以腰围为甚。女性大多数腹部下垂，脂肪堆积，男性中年发福，“将军肚”隆起，一般不可能有年轻时的健美体形，骨骼也逐渐老化，行动趋向迟缓。但中老年人在阅历、经验上占有天然的优势，比之年轻人独有成熟美，富有知识、阅历丰富、情感细腻、有洞察力，具备了长者独有的气质和风度。因此，在服装设计中需要调动色彩、质地、造型的服装元素，扬长避短。

图 3-51

中老年人服装的色彩（如图 3-51 所示）应该以暖色调、低纯度、高明度的颜色为主，增添朝气和活力。颜色搭配应多元化，不应太素，力求雅致。在反传统单一冷调沉色的同时，慎重用高彩度和那些娇嫩的颜色，避免肤色、年龄与衣色形成鲜明的对比，反而弄巧成拙使人更显衰老。彩度低、明度高、比较含蓄的色调，能显长者的尊严、稳健和谦虚。造型上尽量线条简洁，多用直线，塑造出优美的体型，避免模仿他人突出身材缺陷。忌讳穿X型款突出发胖身材缺点。中老年女性服装必须稍长，忌讳短小，否则容易失去长者的风范。必须承认，设计中老年服装，无论在色彩和造型上都存在一定的局限性。这种局限是客观条件所致，不该由人为来加重。中老年服装在色彩、造型、质地三个因素中，突出质地的作用非同小可。

质地在服装构成中是骨骼，是衣物的血液，体现衣物本身的精神。服装的色彩也要通过质地来表现，质地精细高档的面料，色彩表现纯正饱和。另外造型简单的服装，质地风格尤为突出。中老年人失去了青春年少的自然美态，富有“莫嫌老圃秋容淡，且看黄花晚节香”的成熟魅力，应该通过服装面料特有的质感和风格，把这种魅力淋漓尽致地烘托出来，从而把人们的视线从审视体形上引开。那些质地上乘、纺织精细、挺括、有弹性的面料，能削弱人体臃肿笨拙的感觉，体现刚健雄伟的风格。而细致轻薄飘逸的丝质面料，有利于给人体态轻盈的印象。反之，粗糙、易皱、色彩不正的面料使人无精打采。那些有光泽的丝绒面料，尽显华贵、富丽、含蓄、神秘，最适合年龄大的人穿着。只有这样，中老年服装的色彩、质地、造型才能得到完美的统一，才能把中老年独有的美，以适宜的穿着，相应的打扮表现、丰富、烘托出来，从而达到内在美和装扮美的统一，使中老年拥有的优雅、端庄、成熟，活生生地展现在世人面前，使着装达到成熟美、装饰美的理想境界。

具体地说，很多中老年女性由于职业及遗传特点，身材容易出现上半身过胖或者下半身过胖，肌肉松弛导致的手臂、腹部过粗或下腿过粗、过大等体形缺点，可以通过服装的装饰功能进行掩饰，起到美化人体的作用。

1. 上半身过胖的人修饰技巧

肩膀比臀部宽，赘肉容易聚积在上腹部、腰身、胸部甚至背后。没有腰身，臀部看起来平坦而且比较窄。最好的解决办法是，把人们的视觉转移到你最苗条的部位——腿（如图 3–52 所示），用色彩造成视觉差，尽可能地让下半身看起来苗条。有些人增加下半身宽度，以达成视觉上的平衡。但会显得整个人更为肥大，这是不可取的。

图 3–52

这种身材忌讳用垫肩。即使选择的款式需要用到垫肩，也要尽量利用自身的肩膀代替。

选择质地轻柔的针织衫，剪裁不明显，柔软贴着身体，流动性佳，穿起来很自然。过于方正的职业套装必须以深色面料为首选，避免双排扣外套。

上装以线条简单为佳，避免设计细节过多的上衣，如刺绣、宽领荷叶饰边等，以款式简单及隐式纽扣的开襟上衣最为理想。以 V 字领、心月领或者明显的领线设计为佳。

选择窄款长裤，即使是传统款式的长裤，裤管也要尽量收窄，利用垂坠性佳的材质产生飘逸感，达到拉长体形的视觉效果。

外衣讲究剪裁合身，搭配合身长裤或窄裙，内衣要紧身。

2. 下身过胖的人修饰技巧

臀部和大腿比上身肥，腰、臀、小腹、大腿甚至小腿都可能过胖（如图 3–53 所示）。

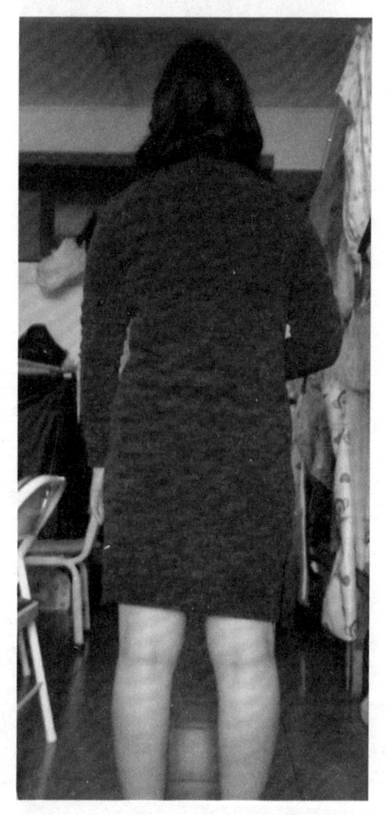
图 3–53

（1）可以通过合身或半合身剪裁的上衣或外套，利用宽肩适当地加大上身求得与下身平衡。上衣加大垫肩造成上宽下窄的错

图 3–54

图 3–55

觉，这种方法对个子偏高的人可以利用，但是下策。

（2）多层次穿着及臀的外套（如图 3–54 所示）。打开前襟，搭配上衣、下裙，营造整体美感，避免过度魁梧的感觉。可以选择窄款直裙或柔软服帖的长裙，线条流畅，可以平顺地表现出臀线，又不过于紧身；自然的垂坠感造成拉长身形的视觉效果。千万不要穿过厚的细褶长裙，那会显得下半身更宽。

（3）利用剪裁精致的阔腿长裤（如图 3–55 所示），线条流利、面料垂坠效果好，裤管从臀部垂直落下，直到脚踝处略微收束，能起到修饰下身胖的作用。有些廉价的打褶长裤，由于它的裤褶太浅，容易在小腹造成膨胀效果，更显胖。也要避免裤子太过宽松、长裤前后有口袋及过多细节。没有口袋、拉链在侧边的无褶窄管长裤，比较理想。还要根据大腿的尺寸来选择，大腿粗的人通常适合穿长裙或长裤，但要注意上下色彩搭配。

3. 小腹突出的人修饰技巧

女性生完孩子腹部突出的问题非常普遍，随着年龄的增长更是必然趋势，如何以服装来装饰呢？首先避免腰带或腰际的装饰品，上衣稍宽大点能盖住小腹，较为理想。长裙与长裤相比，遮盖会容易些。穿直筒长裙，遮盖效果好。弹性长裤亦可，尺寸要把握好，处理得不好，让人看起来比平常更胖。不少成熟女性为了遮住大腿和臀部，结果陷入上衣过长的误区，矫枉过正，遮住臀部线条，缩短身体长度，显得更粗壮。上衣长度要适中，把问题部位遮住即可，不要多出一英寸。如果穿着美丽的长外套，或宽大的上衣或毛衣，下身以紧身裤袜加靴子可造成瘦身的感觉（如图 3–56 所示）。选择质量好的牛仔裤如苹果牌，有理想的修饰效果。

图 3–56

4. 臀部过大的人修饰技巧

肥胖身材修饰重点在胯部，常穿筒裙、斜裙、搭配长及臀线、剪裁精良的直筒外套，能表现理想的背部线条，遮挡臀部的肥大。剪裁精良的长裤也是如此。但臀部的线条较好，以合体剪裁的短上衣塑造曲线，然后把裙子拉长，也能起到瘦身的效果。旗袍是不错的选择（如图 3–57 所示），因为人体的最高点在臀部，裙身加长，宽度不变就会给人修长的错觉，而旗袍的韵味要求裙身长，对这种体形起到很好的装饰作用。

图 3–57

CHAPTER 4

第四篇

都市女性美容修养要点

很多都市女性放弃修饰装扮的理由是体形不好。在现代生活条件下，年纪大的女性新陈代谢下降，身材发胖变形是一般趋势。但是人与动物不同，在客观变化面前人还能发挥主观能动作用，可以影响某些变化。生老病死是必然规律，没有人可以改变，但身材的变化、生活品质的好坏，人的主观能动性可以把控。女性变老与身材变形两者没有必然联系，身材变差与放弃爱美倒是孪生姐妹。有些人体形不好，与年龄没有关系，可能是遗传因素或身体某个部位出现了病变服药所致，应另当别论。身材的好与差与服装的设计要求成反比，也就是说身材好的人对服装的挑选面广，而身材差的服装可挑选的面窄，所以通常身体不理想的人，遇上能够美化自己的服装再贵也愿意出手买就是这个道理。

一

美丽容颜需要养料

图 4–1

图 4–2

在我们的生活中，常看到这么一些女性，结婚生子以后，很少留意自身的外表，忙于琐碎的家务，加上一些不好的形体习惯，如站着便翘起肚子弓着腰（如图 4–1 所示），长此以往必然导致腹部凸起、驼背、腰椎弯曲、形体变样；有的人在麻将桌上一坐就是十多个小时，身体的运动只在上肢，脂肪堆积在下肢，也是体形变化的因素。20 世纪 80 年代外国人公然道出“中国女性的青春期特别短”，反映了这一部分人的生活状态。

现在人们生活水平提高，很多都市女性，年龄大了更注重体育锻炼，如练瑜伽、跳广场舞、打太极、游泳等，热爱生活初心不改，追求美丽信念依旧，加倍关心外形变化。图 4–2 中的女性是位已经做了外婆的退休教师，同样拥有健美的身材、漂亮的衣着，展示年轻的心态和优美的身姿。

《每天为你美丽一点点》是很多年前的一篇文章，值得我们重温：

美丽需要长年累月的培植。我们的容颜和气质最终是靠内心滋养的。俗话说，三十岁前的容貌是天生的，三十岁后的相貌是靠后天培养的。你所经历的一切以及由此形成的对生活的态度，将一点点地写在你的脸上，如果每天美丽一点点，你为自己做的便是不断的滋润，不断走向自己的美丽。草木易秋，青春易逝，但美丽可以永存。

美丽来自于你本身的内涵。有一定的文化底蕴并不断地吸收新的知识和思想，才会使你自信，知理，有情趣，善于思考。也许你并不擅长绘画、弹唱或翩翩起舞，但你可以培养自己喜欢并能够欣赏艺术。例如：多看一幅画、一部小说，多听一首歌、一篇诗朗诵，久而久之你的欣赏品位就会得到提升。有知识还要有见识，两者要相辅相成。

智慧也是美丽不可缺的养分，所以有秀外慧中这样的成语。女人拥有真正的智慧，就使她与市井中、弄堂间的小聪明、小伎俩有本质的区别。智慧是与人的领悟力相关的。悟性使你面对大小问题懂得分寸，能够有明智的选择。智慧固然在很大程度上取决于一个人的IQ值，却绝不是天生的，学识、阅历并善于吸取经验教训，会使一个人迅速成长起来。智慧使女人能真正地把握好自己，并获得从容自信，最后你的周身散发出超然的气质，这使你从人群中脱颖而出，这时候，你已经很接近美丽了。

爱是美丽最重要的素质。我们的肌肤、我们的容颜从母体中脱胎于人世间，然后我们学会走路，就是要靠双脚去走完自己人生旅程的。爱惜自己就是爱惜我们在这世上每一天的生活，我们正是在襁褓中学习自爱，并培养起爱心的。

美丽之所以令人怦然心动，正因为有着来自心灵深处的爱。心怀爱意，你的五官自然是舒展的，表情是平和安详的，眸子是润泽柔美的。

让我们每天都体验着爱，美丽就一天天在悄悄地改变着我们容颜的本质。

爱因为充满温柔和激情，所以能吸引人。魅力其实很大程度就是来自女人身上的爱意。我们有时说这个人有女人味，肯定不是指她樱桃小口、明眸

图 4-3

图 4-4

图 4-5

图 4-6

皓齿，或者新月眉、小蛮腰，而是这个女人通体散发出的气息、温柔和暖意。

每天美丽一点点。是的，我们应该如此努力。

不少女性就是这样获得了成功。香港影星赵雅芝最近与儿子丈夫在一次公众场合亮相，让很多人惊叹，典型的冻龄女人，岁月在她身上没有留下痕迹。意大利著名影星索菲亚罗兰，她以精湛的演技享誉全球，在她 65 岁时，以德、才、艺、美俱全，当选为世界最美小姐，为女性创造了永葆青春的典范。

现在像赵雅芝、索菲亚罗兰这样显年轻的成熟女性，无论在影视明星中还是在普通的爱美女士群体里，已经不是稀缺范例，我们身边随处可见（如图 4–3、图 4–4 所示），那些已经是奶奶级别的成熟女性，个个气度不凡、身材矫健，虽然有遗传因素的影响，但后天的努力是不可少的。这些女性年轻时身材苗条，但过了三十奔向四十岁以后开始发胖，因为女性生完孩子后腹部肌肉松弛，脂肪容易堆积，形体变成两头小中间鼓的青果形状。这个时候采取积极的措施，加强运动，保持健康的生活习惯，养成挺胸收腹及良好的站姿和坐姿，虽然体重明显增加，但体形的变化不会太大，年轻时的体态完全可以恢复，只是身材型号增大而已。图 4–5 中是常锻炼的成熟女性，即使体重比原来多了三分之一，身材仍然健美。图 4–6 中的女士虽然年近花甲但体型与年轻人没什么两样，在年龄老去的同时，体形的变化，不是无可奈何花落去，我们完全可以掌握在自己的手中，只要我们爱美的初心不变，美丽不会离我们而去。

《女史箴图》现代借鉴

名画《女史箴图》（如图 4–7 所示），是我国东晋画家顾恺之的组画。据史书记载，这组画以歌颂封建伦理道德为主题，这是其中的一个片断，画面描绘一位贵妇，正对着铜镜由身后的丫环给她梳妆打扮。作者借鉴了妇女日常生活用品——镜子作为思想载体，寓意像女性每天对照镜子梳妆打扮一样，封建伦理道德就像女性修身养性的镜子，每天都要对照检查自身的言行。古人给了我们很大的启发，镜子在塑造现代“完美女性”中有同样的作用。

图 4–7

我们要利用的“镜子”，不像古代的铜镜，只能照到头部顾及不到全身。我们要在穿衣镜前，由上而下经常审视自己，衣服是不是小了？哪个部位明显发福了？不要以为照镜子是小姑娘的专利，年纪大的人照镜子同样有意义。与年轻时相比少了分自我欣赏，多了点外形观察，是服饰审美修炼过程中的一个环节，也是真实了解外形变化的过程。通过照镜子和通过他人的评价来发现自身变化很不一样。镜子不是某些商家有意做的拉长显瘦的劣质产品，那

图 4-8

图 4-9a

图 4-9b

是掩耳盗铃。正常的镜子不会掺杂任何人为的虚假成分，不会肆意歪曲事实真相，能够客观真实地反映人体的本来面目（如图 4-8 所示）。

一是经常照镜子能够及时发现体形的细微变化，引起自己的警觉，采取相应的措施加以控制，如：适当地调节饮食、增加运动量，有意识地去塑造形体等。

二是经常照镜子，穿上各种款式的服装，在镜前进行比较，学会视觉差在服装上的应用。

服装的视觉差，是利用物体给人们的错觉，产生与实际效果不一样的感觉。错觉是一种现象，并非视觉异常或视觉病态时产生的幻觉。错觉不是某一人的感觉，是大多数人都有的一种共同视觉现象。早在古希腊时代，视觉错觉现象引起了哲学家们的注意。亚里士多德曾经指出："充满物体的空间，比其中没有任何物体的同样大小的空间，看起来要大些。"这种感觉，不只是来自于亚里士多德一人，而且超出了不同地域、国籍、民族的界限，成为多数人的视觉感觉。这里的"看起来"，就是一种主观的视觉感觉，"大些"则是与客观实际尺度不相符合的结论。

同一人穿上不同廓形的下装，给人就有肥瘦区别（如图 4-9a、图 4-9b 所示）。图 4-9a 中下装短裙与上装短衣显胖，而图 4-9b 中与同色的长裤相配显瘦，这就是视觉差。

过去的一百多年，不少科学家为了解释视觉科学领域这一有趣现象，进行了持续探索并对这个问题发表了许多学说。然而，至今还没有一种学说，达到完全使人心悦诚服的地步。尽管如此，爱美、求美、探索美的人们，凭着各自的经验和理解方式，去解释和利用视觉错觉，并且不断总结新的经验，挖掘和拓展错觉在服装设计和选择上的妙用。

图 4–10

图 4–11

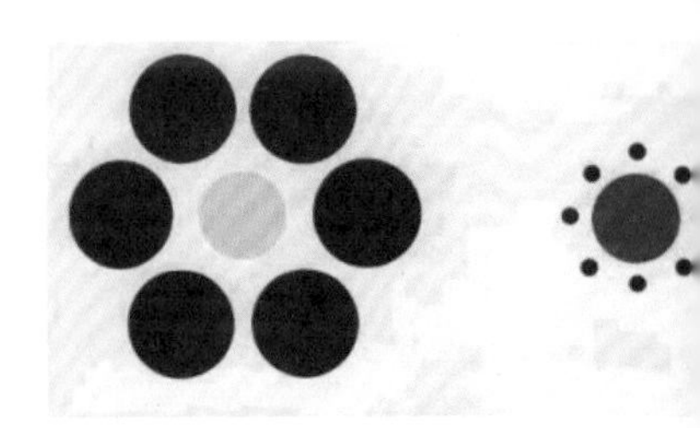
图 4–12

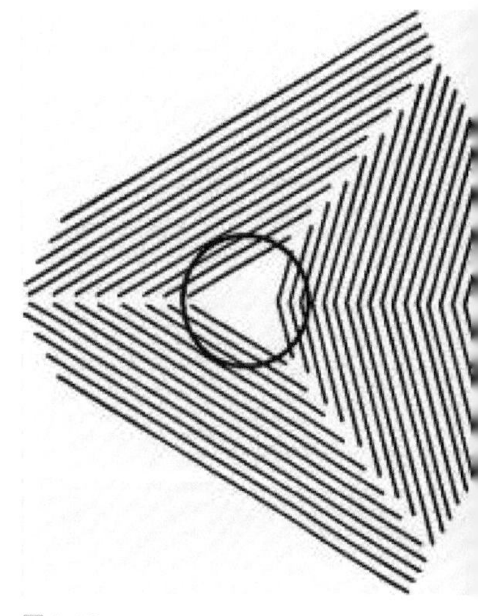
图 4–13

视觉错觉归纳起来，有四个方面：

（1）线段被分割引起的视觉错觉。同样长度的两根线，放的位置不同表现有长短错觉（如图 4–10 所示）。

（2）块面被分割引起的视觉错觉。块面分割线条产生曲直错觉（如图 4–11 所示）。

（3）几何形对比引起的视觉错觉。同样大小的圆在不同的颜色和环境下有大小错觉（如图 4–12 所示）。

（4）几何形相交（或相切）引起的视觉错觉。不同线条下正圆产生变形错觉（如图 4–13 所示）。

还有些图形也可以引起视觉错觉，但基本上是上述几类的延伸和扩展。这些是服装设计应用中的基础图形，是服装设计造型理论中设计错觉理论的主要依据。把这种感觉应用到服装设计领域，利用服装设计要素、面料花型、款式廓形、色彩的收缩和扩张制造视觉差，能起到美化人体的作用。成熟女性的身材和年轻人比较，有着自然的不足，恰到好处地利用视觉错觉，可以实现“服装美化人体”的美学功能。如何掌握视觉错觉在服装上的运用？这需要一个修炼过程，常照镜子就能发现其中的奥秘。

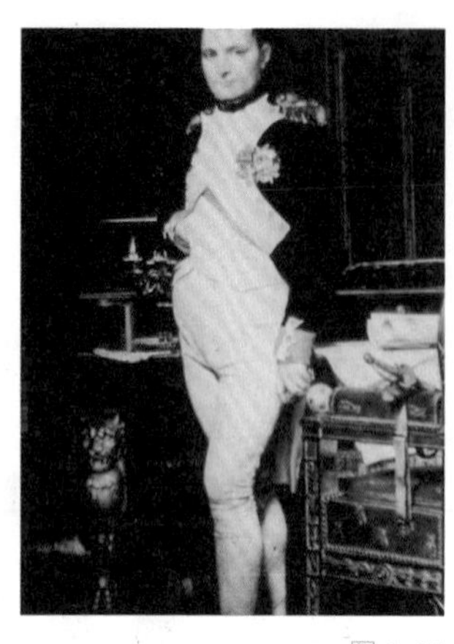
图 4–14

图 4–15

图 4–16

运用视觉错觉来修饰身材，在服装上主要表现在以下几方面：

1. 修饰人体

例如，一般采用提高服装腰线（即缩短腰节或背长尺度）的方法，引起视觉错觉，使人感觉下体变长，人显高。图 4–14 中是法国大革命时期的风云人物——拿破仑，他不仅是军事家还是个美学家。遗憾的是他个子偏矮，身高不到一米六五，为了弥补这个缺陷，他很好地利用了服装的视觉差，把裤子和上装设计成一色，背心缩短，在同样高度的人中他就显得高了。同理可知个子不高的人，不要在下装上用多色分割，下装裤色、肉色、靴色分割成三段造成下体视觉变短（如图 4–15 所示）。

亚洲人普遍上身长、下身短，人不显高。如果下身比例长上身比例短，下身比例短上身比例长，同样高度的人，前者显高，后者显矮。提高腰线可以拉长下身，图 4–16 中这个女孩个子不高，由于腰线上提，下身比例拉长反显身高。通常身材比例不理想的人都可以采用这种方法，起到明显的修饰作用。评价身材的优劣不是绝对的高度，关键在人体上下身的比例关系。

2. 美化形体

当形体上小下大时，即梨形身材的人，可利用视觉错觉来美化形体。

图 4–17

图 4–18

图 4–19

图 4–20

图 4–17 中是个体重 65 公斤梨形身材的女士，她巧妙地利用较宽松的服装，下身穿紧身裤，把最肥大的部分挡住，造成了较好身材的视觉差。

相反，对于瘦体者，穿泡泡袖（如图 4–18 所示）、插肩或多褶式上装，会产生丰满结实的视觉错觉。

而体胖者，千万不要去尝试泡泡袖和多褶上装、下装，其效果只能使自己更尴尬。

3. 协调形体

当人的五官、脸形、脖子不标准时，利用视觉错觉也可以协调。图 4–19 中的中年女性属于圆脸丰仪，如果头发梳向头顶，高耸的发型把脸拉长显瘦，既时尚又显年轻。短脖者最好也把头发束扎起来。

利用鸡心领拉长脖子，使领口与脸形协调，发型与脸形协调（如图 4–20 所示），而长脸长脖子的人选择的发型最好是松散长发。

通常圆脸短脖者不要穿立领、一字领、铜盘领，应选角度小于 90 度的 V 型领口为最佳，视觉错觉效果能使脖子相对拉长。确定领口的设计，以脸形的方、圆、尖、长和脖子的粗、细、短、长为基础，利用相切、相交的方法，检验其视觉错觉效果，确定最佳方案。

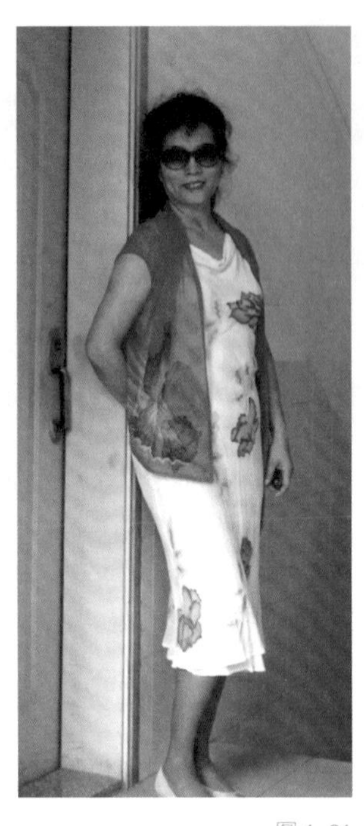

图 4-21

图 4-22

图 4-23

4. 遮挡人体

当形体有某些明显的遗憾时，利用视觉错觉起到遮挡作用，再“造”一个观者的“视觉中心”，引开观者的注意力，达到美化形体的目的。

胖的人穿斜裁剪的淡色服装最易暴露身材的短处，利用外披加大色彩反差，对身体分割，产生视觉差显瘦（如图 4-21 所示）。粗腿者，可用窄长裙、直筒裤，直接遮住不让别人发现腿部的实际围度，穿上稍阔的直筒裤，即凉爽又显高，同时可以拉长下身长度，掩饰人体缺点（如图 4-22 所示）。个高点的可以穿长裙，腰线上提，增加人体的“视觉高度”，并尽可能地在服装上设一个装饰“点”，比较醒目，作为视觉中心或用其他的服饰品来弥补。图 4-23 中的女性下身统一黑色紧身袜和黑靴子，虽然裙子短，但颜色的统一给人视觉效果仍然是比例较好的视觉感受。

视觉错觉像是个哈哈镜，或者是“魔术师”。长短、方圆、肥瘦都是相对的，程度各不相同而已，实践经验告诉我们：错觉的利用并没有什么死公式，常在镜前观察、仔细琢磨，就会发现最适合自己的服装，提高自我设计和审美能力。那些身材不理想的人，同样能够有美的视觉效果。

另外，经常照镜子，通过多次观察会发现上、下服装颜色之间搭配的奥秘，能够了解个体最适合的颜色，在整体搭配之中感悟到服装的美。我们会发现某一件衣服，单独感觉不错，但在穿衣镜前与已有的服装搭配以后并不好看。相反，某件服装本来你并不喜欢，与另一件上装或下装相配时，会产生意想不到的视觉效果。图 4-24 中下面的短裙花型不雅，着装者并不喜欢，但通过与上面的红背心搭配效果不错，可见，服装的美与不美只有在体现全身效果的镜子前，才能反映出来。买衣服时如果不让试穿的服装，没有镜子让你自己去观察，商家吹得天花乱坠也不要相信。现在的网上购物在服装这一块，消费者的风险较大，没有实体店试穿经验，看不到上身后的效果，下单后总给自己找麻烦。也许不久的将来网络会改变这一现状，让女性在网上也可以试穿，因此修炼审美的能力更是必不可少。

图 4-24

综上所述，照镜子的过程，也是爱美本能的释放过程。潜意识里会提醒我们，注意观察她人的服饰效果，在比较中一点点积累审美判断经验，人们的气质和美丽就会在潜移默化中提升。

三 女性体形保健方法

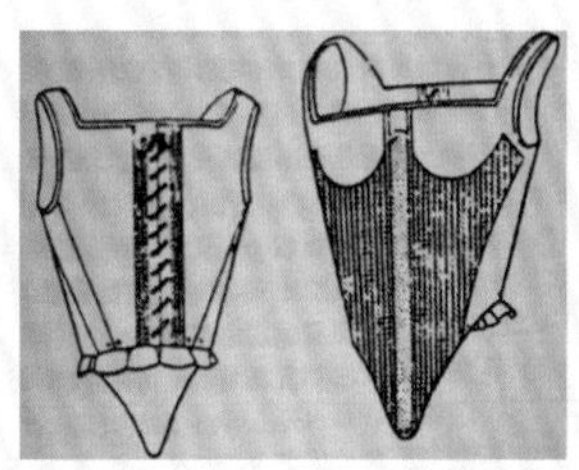
图 4-25

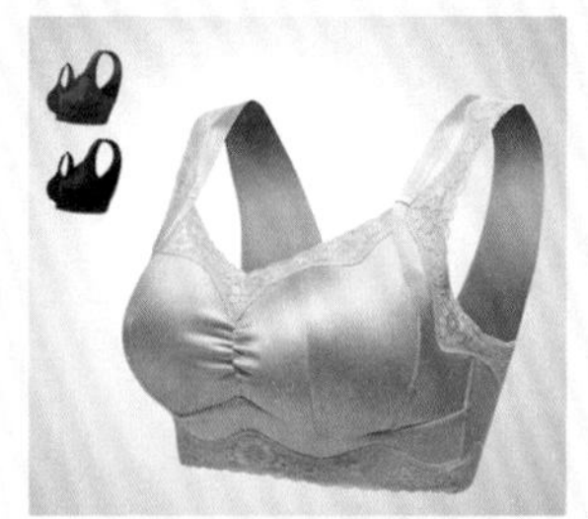
图 4-26

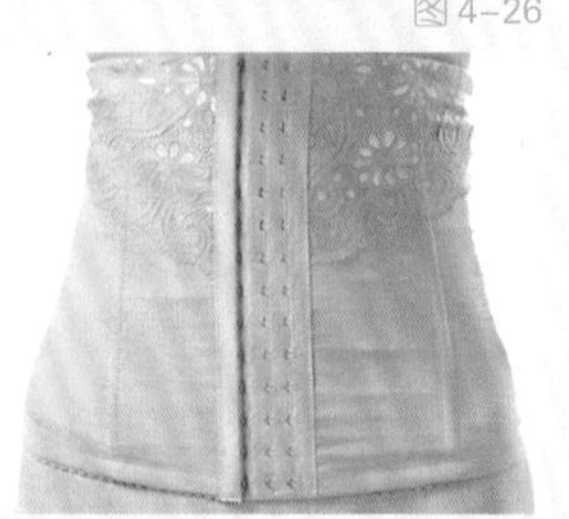
图 4-27

体形发胖变化明显的女性，希望有较好的形体，通过两个方法可以心想事成。一是加强运动或利用服装设计视觉差来实现，二是通过物理作用达到瘦身效果。

内衣是现代女性塑造优美形体的魔术师，能起到很好的整形作用。16 世纪发明的紧身胸衣（如图 4-25 所示）演变成现在女性内衣，它的诞生曾经给追求美的女性带来过巨大的痛苦，过分的束腰导致女性内脏错位，使女性的平均寿命不到 40 岁。但它又为我们今天适当控制身体的肆意发展，纠正形体的不足，提供了借鉴的方法。

现在的内衣（如图 4-26、4-27 所示）对女性朋友来说具有保护、整形、装饰的三大功能。与西方相比，中国中有一部分女性，不太重视内衣，特别没有注意到它对人体修补整形的作用。随着我国服饰文明的进步，当代的年轻女孩子们都注意到了内衣的三大功能。有很多患有“身材沮丧综合征”的女士们，总是期待有灵丹妙药来改变自己的体态。她们通过减肥、节食，甚至接受痛苦的整形美容手术等各种机械外力来改变自己的骨骼、身长、肤色，忽略了内衣这个最简便易行、立竿见影的药方，尤其是忘记了内衣具有整理体形、取长补短，让体态婀娜多姿的功能。

都市中大部分成熟的女性，胸部、腰部、臀部的肌肉首先会松弛、下垂，腰部脂肪积累导致体态横向发展，严重影响形体外观。当人们意识到了这些缺点，又有一颗不惧老、不断求美的心，利用内衣完全可以重新塑造完美的体形。

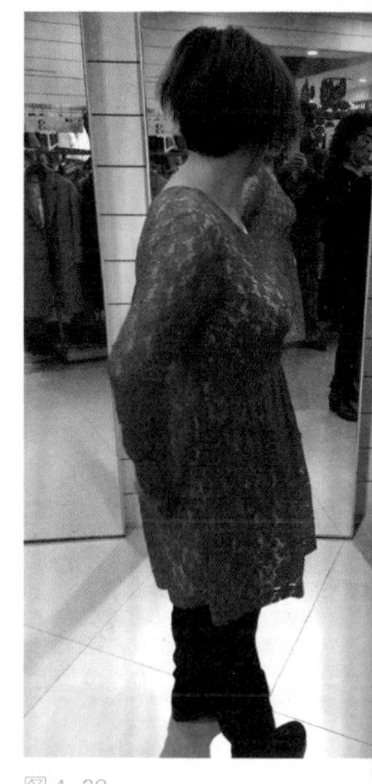

图 4–28

文胸（如图 4–27 所示），它以整形为主，又兼顾时尚，俗称胸罩，它能使较小的胸部变得玲珑别致或高耸挺拔，能使肥大的胸部显得结实浑圆，对形体有装饰作用。单纯地把胸罩当作护胸的工具，忽视了它的装饰功能，甚至把胸罩视为年轻人的专用品，这是非常错误的观点。

年长的女性利用文胸比年轻女孩在纠正肌肉松弛，胸部下塌，腹部翘起时作用更加显著。购置制作精致、仿真效果佳的高档胸罩，整形的效果自然、真实。虽然价格贵一点，但它可以拔高胸部，重塑形体，因此也是物有所值。不管体形过胖多少，在同一个平面上，把胸部拔高，腹部自然显小。胸部本身是女性的象征，它的耸起不会影响外观，可以重塑女性的曲线。图 4–28 中这位女士并不苗条，上体较胖，但利用文胸提高了胸部，腹部便被比下去了，整形的效果一目了然。况且当代制作内衣的工艺先进，新的面料使胸罩、胸衣具有良好的舒适性，透气性，排除了使用者的后顾之忧。在此特别要提醒的是：睡觉、休息时一定要把胸衣放开，不要 24 小时紧扣，否则不利于血液的循环，我们在追求美的同时也要注意身体健康。

图 4–29

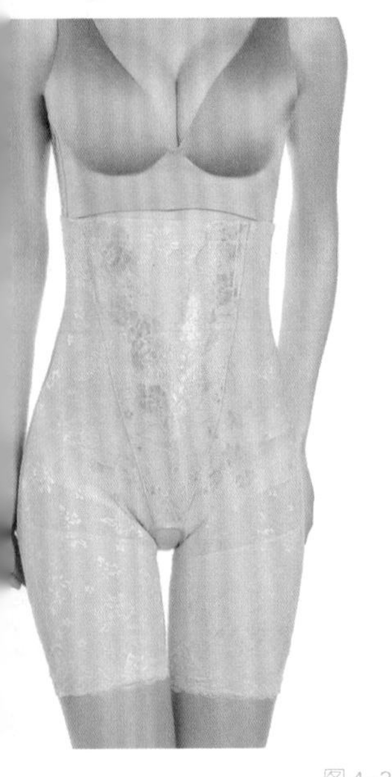
图 4–30

穿旗袍时文胸的功劳最大（如图 4–29 所示）。年纪大的人，肌肉松弛，利用文胸整形，显出丰满圆润的体态才能穿出旗袍的风韵。另外，紧身收腹的提臀内裤（如图 4–30 所示）对成熟女性控制腰、腹、臀部肌肉的松弛也有很大的帮助。生完孩子的妈妈尽早选择一条合体的收腹裤，可以有效地控制这些部位的横向发展。

选择收腹提臀裤也有一定的讲究。一般来说，从人体的横切面来分，女性有扁、圆两种体形，扁体形的人选择余地比较大，适合各种款式的收腹裤。圆体形的人，千万记住：不能穿三角形的收腹裤，因为三角形的收腹裤不能全部收住发达的臀部，反而会给人造成“一分为二”的感觉。大腿比较丰满的女性，要尽可能选择裤腿长度超过二十厘米的收腹裤，这样可以避免裤腿往上卷所造成的不便。在收腹裤质地选择上应注意：刚开始穿时要选择弹性相对弱的，等适应后再逐步换弹性比较强的，选择收腹裤大小时，也应本着先松后紧的原则。

提臀收腹裤种类很多，都是用化纤原料制成，有超强的弹力，根据女性体形特点设计裁剪，长期使用，对保持、修复体形有明显的效果。这种裤子初穿时不舒服，只要掌握科学的穿着方法，循序渐进，当穿上后在镜子里，发现自己的形体有了明显的改变，着装效果感觉良好，就能够坚持下来，时间一长那种不适的感觉就会很快消失。如果能从年轻时生完孩子就穿上紧身收腹提臀内裤，趁年轻时肌肤的弹力强、收缩的余地大，整形的功效会更显著。进入中老年后习惯成自然，这时你不想穿紧身收腹提臀裤，换上一般的内裤，还真的像没穿裤子一样的难受。爱美的都市女性朋友们，现代纺织科学技术，能帮助我们实现美的愿望。

四

保持肌肤年轻法则

自然的生理规律虽然残酷，却不能扼杀人们对年轻和美丽的渴求。衰老无法抗拒，但延缓这种变化的可能性却是存在的。前面举了很多杰出女性的成功实例，下面给朋友们介绍保持肌肤年轻的要诀。

1. 美从“口入”

（1）多喝水。这个常识人们都有，但还是不得不说，水分是保持肌肤健康丰腴、富有弹性的重要因素，足量的清水绝对是最佳的嫩肤剂，各种饮料不在这个范围。据说宋美龄每天有冲洗肠道的习惯，她活了一百多岁。平常人没有这个条件，但如果坚持早上喝一大杯水，某种程度也能起到冲洗肠道的作用，而且可以形成早上解大便的好习惯，减少毒素在肠道的停留时间，有益于延缓皮肤的衰老。

（2）拒绝油炸刺激性食品。油炸和高糖食品会令皮肤状况变得不稳定，造成各种疾病，应尽量少吃。

（3）注意饮食中的酸碱平衡。多吃新鲜蔬菜、水果（水果有糖也要适当控制）、食用菌等碱性食物，有利于体液保持弱碱性，从而将肌肤调整到最佳状态。

（4）控制食盐摄取量。盐已被科学证实是人体皮肤发黑的主要因素，因此，为避免肤色发黑，平时应控制食盐的摄入量。也可以防止钙质的流失，减少三高风险。

（5）勿滥服药物。不要随便服用药物，尤其是阿司匹林、安眠药等，前者可能引起黑眼圈，后者会使体液倾向酸性，令激素失衡，长出雀斑。

（6）适当多食含钙食品。钙具有维持肝脏代谢的作用，有利于有害物质的代谢和排泄。血液中的钙含量保持一定的数量值，就能阻止皮肤黑色素的沉积。日常生活中富含钙的食品有海带、发菜、紫菜、鲜奶等。

（7）保证维生素C的摄入量。维生素C能促进胶原蛋白生成，使皮肤更娇嫩润滑，平时可从鲜枣、山楂、葡萄以及柑桔、柠檬、南瓜等橙黄色蔬果中摄取此类营养物质。

（8）勿吸烟。烟会加速皮肤的老化，因此必须注意远离烟雾弥漫的环境。

2. 美需要“养”

（1）保持好的睡眠习惯。养成早睡早起的生活规律，纠正熬夜的不良生活陋习，否则将导致肌肤的黯淡早衰。只要条件允许，就要保持稳定、充足的睡眠，才可令肌肤光泽滋润。

（2）防晒。紫外线带来的慢性伤害包括：皮肤晒黑、晒伤，雀斑加深；肌肤老化加速，使皮肤失去弹性、张力；皮肤油脂分泌增多；表皮水分蒸发，皮肤变得干燥、粗糙。为对抗紫外线的侵扰，平时可选用防晒系数高的或具有高防晒的抗水性粉底打底，并采取遮阳措施，戴太阳镜和太阳帽、打遮阳伞、抹防晒霜等。

（3）保持心情愉快。皮肤是一个能突出反映肌体状态的人体组织。心情愉悦开朗，内脏机能平衡、协调，自然便会容光焕发。

（4）温柔对待眼周肌肤。眼周肌肤极为嫩薄脆弱，若护理不当，便容易产生浮肿、发黑、皱纹、老化等不良状况，从而损害脸部的光彩与美感。平时可在眼部涂上保湿护理产品来保养眼周围肌肤，睡觉宜仰卧不要俯卧，卸妆时切忌用力揉擦眼睛周围肌肤，而要用柔软的棉花球轻轻地擦拭。

（5）适当按摩脸部。按摩可以加速血液循环，加大皮肤的血流量，使皮肤升温，毛孔扩张，排出老旧的表皮细胞。若涂用乳霜，通过按摩可以促进皮肤的吸收，提高皮肤的保湿性能。欲令肌肤更结实红嫩，不妨在晚间清洁皮肤后，用指腹由下而上、由内向外地做几分钟面部按摩。不过皮肤敏感的人则宜少做或不做。

（6）适度运动。经常做一些运动（如图 4–31 所示），如跳舞、打太极、健身操、游泳、快走等，能够促进血液循环，加速新陈代谢，不仅可以强身健体，而且也会让脸自然而然地变得健康明媚、充满光泽而富有弹性。

（7）不要做不良表情。眯眼、皱眉、蹙额等，会加速皱纹的产生。想保持美丽的容颜，不妨有意识地改掉这些不良习惯。

3. 美需要“妆”

（1）每日洁面。许多的皮肤问题，都是由脸部的不清洁而诱发的。为使肌肤焕发柔滑纯净美态，每晚应彻底卸妆并用温水或温和性质的洁面乳清洁脸部。每星期最好做一次面部保养。用天然植物如各种果皮或蛋白质材料如鸡蛋、牛奶、蜂蜜敷面，这样的润肤效果保持的时间长，不会引起皮肤反弹。

（2）保持护肤品和彩妆品的清新干净。护肤品和彩妆品一旦过期或受污染，均应立即停止使用。

（3）选择适合自己的护肤品。不合适的护肤品会给皮肤造成压力和负担，甚至造成肌肤不适、过敏、排泄不畅、色素沉淀等现象。选用护肤品不可盲从，应先分析自己的皮肤

图 4–31

状况,总结出自己的肤质类型,然后“对症下药”,忌讳越贵越好的错误观念。

（4）尽量避免浓妆。将过多的化学制剂抹在脸上不仅堵塞毛孔，而且易侵蚀娇嫩肌肤。除了特殊场合，不妨每日以清洁的淡妆亮相，让皮肤能够顺畅地透气。

这些要诀很多人早已知道,关键在于努力实践、持之以恒,科学地应用,贵在坚持，一定会行之有效。

五

都市女性日常化妆

图 4–32 中是个英国老太太，手里拄拐棍，却仍然给人神采飞扬的感觉。在发达国家年纪大的女性普遍化妆，年纪越大化的妆越浓。随着年龄的增长，人的皮肤光泽减弱，脸发黄、皱纹增多、褐斑产生、眼帘下垂，不管穿什么衣服都让人失去信心。化妆以后可以弥补这些自然缺陷，让岁月馈赠给中老年女性的成熟美展示出来，体现人生的长久魅力。遗憾的是我国很大一部分年纪较大的女性，没有这种意识，放弃了装扮爱美的乐趣。

1. 化妆的意义

对于女性化妆的问题，曾经出现过不少争议，尤其对年纪大的女性化妆说法各异。现在人们普遍认为选择什么样的生活方式，素面朝天也好，不化妆无脸见人也好，没有任何原则错误，各持己见是各人的生活习惯和自由，无可非议。再不会以一种生活态度去否定另外一种生活态度，更不能对热爱生活追求美的行为横加指责。下面我们来了解

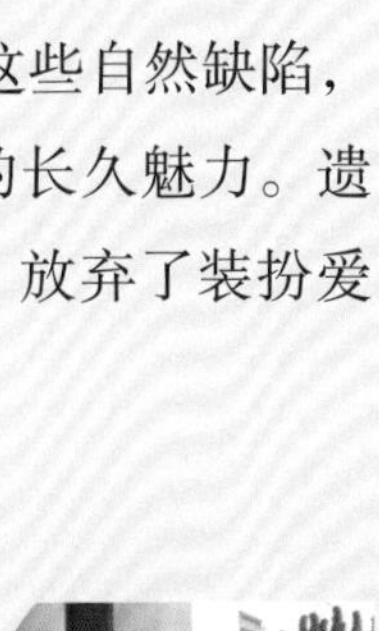

图 4–32

图 4-33

年纪大的人化妆的益处，或许对有些人改变生活习惯有所启发。

人生有很多无奈，一个人的长相是父母给的，皮肤的颜色由种族决定，人的衰老是不可抗拒的自然法则，但是个人的生活质量却可以自己决定。一个人的心情好坏是生活质量的一种体现，外表的优劣又直接影响人的心境。比如：由于种族、地域、遗传、年龄的原因，人的肤色区别很大，肤色不好的女性，特别是上了年纪的女性，由于脸随年龄的增长失去了青春的光泽，“黄脸婆”成了她们的代名词，原来喜爱的服装穿上后效果总是不理想。其实只要稍施粉黛，让本来有些晦暗的脸重放光彩，整个服装的效果就会大变样。形象提升，女性心情喜悦，体内就会分泌健康激素，促进血液循环，使人年轻，延缓衰老，何乐而不为呢？不少人都有这种体验，在心情不好的时候，只要走进服装大厦，试穿能够使自己漂亮的服装，坏心情立刻烟消云散。同样，成熟女性，每天上班前，化好妆，精神焕发地出现在同事面前，和年轻人相比不是黄脸婆的感觉，自然有一份自信，对生活、对工作充满激情，有什么不好呢？相信人们都愿意看见美的事物和美的外貌。

在唐朝，各种面妆轮番流行（如图 4-33 所示），服装色彩非浓艳不取，从历史画卷和文化遗址中，都可以看到大唐的盛世繁荣，表明国家的昌盛一定会通过当代人的精神外貌反映出来。一个在饥寒交迫中求生的人，是无暇顾及外表形象好坏的，只有物质水平达到一定层次的人们，才会考虑美化、亮化外表。

曾看过一档电视访谈节目，对象是美籍华人羽西女士，她提及母亲生病的事给人印象特别深刻：她的母亲应该在八十多岁，早过古稀之年，在医院生病期间，儿女们来看望她，总要先化好妆才让他们进来，体现了她对别人的尊重，也是自身良好修养的反映。这种行为尊重自己、热爱生活、热爱家人。

2．成熟女性化妆的特点

现在很多成熟女性开始化妆，这是时代进步的反映，但有时事与愿违，甚至画了比没画更难看，这里存在一个化妆技巧问题。年纪大的人与年轻女孩子相比，妆容更要突出自然、典雅，不能留下修饰的痕迹，让人只知道比化妆前年轻、漂亮了，而看不出化了妆。具体做法如下：

（1）每周一次面部护理

护面

一星期做一次面颈部洁肤护理，有利于保护面容。这是当代许多都市女性的生活习惯。它不仅能去除一周积聚在毛孔内的污垢，且能滋润皮肤，促进皮肤吸收外来营养增强血液循环。一般程序是：将面颈部用洗面奶洗净，再用毛巾敷一下面部，使毛孔扩张，然后用按摩膏涂在面颊上下左右四处，四个手指腹由下向上按照面部的纹路进行按摩，约 15 分钟后，调制面膜敷在脸上，再用保鲜膜盖上，预防水分过早挥发，保鲜膜敷在脸上后，轻轻用剪刀在鼻孔下开口好让鼻子透气，再在眼睛部位开两口，过 30 分钟，去掉保鲜膜，让敷上的面膜透干，再把面膜清洗干净，不要用水冲，用海绵轻轻地擦净就可以。再涂些营养性的护肤品，如爽肤水、营养霜一类，以弥补表皮油脂的损失。经过面膜的处理，面部会顿显白皙光润，坚持每周一次，有效去除额头细碎皱纹。

护发

职业女性每天上下班，穿梭来往于尘土污气中，头发沾满尘埃、污垢，加上缺乏必需营养，头发往往粗硬、脆黄或稀疏黏连，因此每周一至二次的洗发是必不可少的。现在基本上没有人会用碱性的肥皂去洗发，根据不同发质选择发乳很重要，含羊毛脂的洗发乳对头发损伤较轻，用米泔水或茶水洗发会令头发光润松软。洗发过程中，不要用力搓头发，湿润状态的头发最容易折断、开叉。应用手指腹轻轻揉擦头发，重点要洗净头皮。洗发后，应搽上发乳弥补头发表面油脂的损耗，同时用高蛋白的护发素给头发补充营养。洗净后再涂纯度高的橄榄油，能够很好保养头发。

护眼

眼睛是心灵之窗，是女性最富有吸引力的部分。保护好双眼，使之明亮动人。对患有炎症的眼睛可用黄瓜汁或硼砂水洗眼，以减轻症状。对因疲劳或原因不明引起的双眼肿胀部位，或用土豆片揉擦肿胀部位，或用茴香子煎茶来洗眼，均可收到良效。因熬夜、睡眠不足引起的眼睛无神，起“黑眼圈”，可用纱布包几片冰片，敷在紧闭的双目上，约十分钟，会有较好的护养效果。每天坚持眼睛运动，也就是闭目转眼球左 36 圈右 36 圈，每天早中晚各做一次，能够很好地保护眼睛，对年纪大的人可以预防白内障发生。

护手

手是女性的第二张脸，不可忽视。对比较干燥、起皱的双手，可在烹饪之余，用切下的番茄、黄瓜、丝瓜或其他蔬菜碎片擦洗手背、手掌，或用压出的汁液洗手。新鲜的蔬菜含有丰富的维生素 C 和微量元素，有利于恢复皮肤的滋润柔软和减轻皱裂效果，是皮肤的天然良友。若发现双手皮肤晦暗，可用上好的食醋与甘油混合搓洗双手。

（2）洁面

每天用洗面奶和海绵块洁面比用毛巾好，毛巾容易使皮肤粗糙，也不容易透干净水；用冷水洗脸比热水好，皮肤不容易松弛，毛孔不易增大松弛。洗脸的次数不是越多越好，早晚各一次。一般晚上用洗面奶洁面，卸去彩妆的油腻。早上只用清水就可以，再好的洗面奶也有化学成分，都对皮肤有一定的刺激作用，少用为妙。洁面是化妆中的重要一环，脸如果没有洗干净将直接影响化妆的效果。洁面后，涂上紧肤水和营养霜，在脸上用手指拍打百下来增加皮肤的弹性。

图 4-34

图 4-35

图 4-36

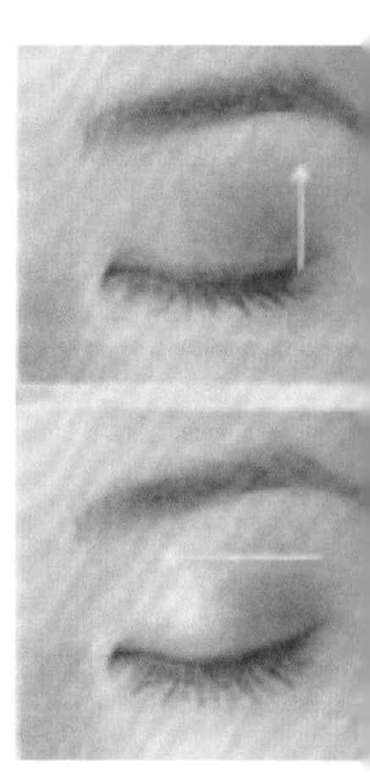

图 4-37

（3）打粉底

粉底是用来改变面部颜色的，具有遮盖瑕疵、斑点、褐黄的作用。粉底的色彩忌与脸部本色太大的反差，一般用接近肤色或比肤色亮 1 至 2 度白的粉底。较稠的不容易抹开的粉底，加进营养霜调稀再抹到脸上。不同季节用的粉底质地不一样，冬天用油质的，夏天用乳质的，这样既好抹匀又显得自然。粉底一定要由上往下拍打让它渗透到皮肤里去，不能浮在面上，留下化妆的痕迹，国际大明星不注意也会犯错误（如图 4–34 所示）。

（4）画眉

画眉先修眉，眉形在五官中根据脸形而定。眉毛在脸上起到平衡五官的作用。脸长的人，眉毛尽量画直些，不要挑高；圆脸或方脸的人，眉毛尽量挑起，可以拉长脸形，人显妩媚。修眉中必须遵循自然的原则，不要把自己的眉毛拔个干净，在顺其自然的基础上加以修理，根据脸形特点去掉影响眉形的多余杂毛（如图 4–35 所示），再画新眉（如图 4–36 所示），浓眉大眼就这么产生了。如果是小眼睛眉毛要细点。

（5）涂眼影

很多女性朋友化妆中忽视眼影，人的衰老在眼睛附近的皮肤体现得最为明显。进入中年以后，眼帘松弛、下垂，涂上深色眼影，能起到收紧眼帘使眼睛往里陷的视觉效果（如图 4–37 中的上半部分所示），提神的功效显著。在涂抹时要把握分寸，靠近眼线处重抹，然后逐渐向上匀开，形成自然过渡，靠近眉毛的地方不抹，形成深浅对比，产生立体感。眼影忌用流行的淡色，会使眼睛更显得泡肿、苍老（如图 4–37 中的下半部分所示）。

（6）打腮红

成熟女性脸上的腮红提神效果明显，打腮红根据脸形来定，一是注意腮红的位置与面积；二是腮红的艳度要把握好。腮红的色彩取其最接近皮肤的颜色（如图 4–38 所示），只需比粉底稍艳一点即可，这样自然大方。

（7）涂唇膏

一般而言，唇彩的颜色应根据个人的肤色来选择，皮肤白嫩的人要选用接近天然的颜色，如棕红、大红等；而肤色较深的人，可选较鲜亮些的颜色，如玫瑰色、桃红等。口红颜色的选择还应注意场合，平时要避免鲜艳颜色的口红，而在娱乐场合，颜色可热烈些、鲜明些。在社交场合，则应选择庄重些的颜色。成熟女性唇膏颜色的选择必须十分讲究，忌用艳丽的色调。韩国女性普遍喜用猪肝色，显得沉稳，衬得脸上皮肤细腻、滋润，特别值得我国的成熟女性借鉴。其次，年纪大的女性涂抹唇膏比年轻人更讲究技术，不可大意。切忌唇线模糊，保证唇线的轮廓清晰（如图 4–39

图 4–38

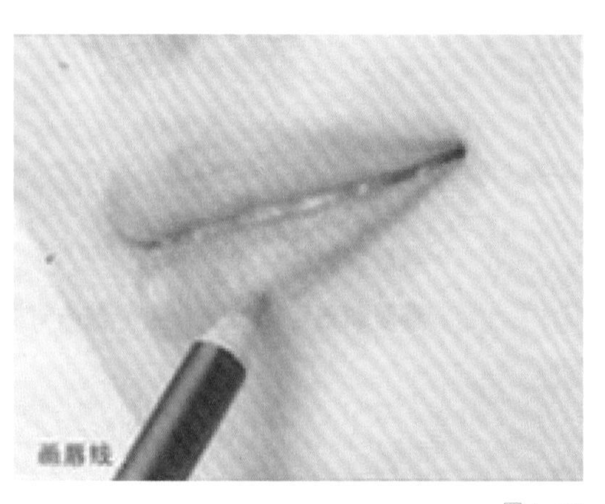

图 4—39

所示)，否则会给人脏兮兮的感觉，有失长者的风范，失去了涂唇膏的意义。为保持唇膏的新鲜感及避免破坏唇型的轮廓，最好在吃完东西后再抹唇膏。唇膏涂的时间长了或涂完后又吃了东西，则应进行修整，即用手指在嘴唇的轮廓外，由外朝里擦去渗出的唇彩，然后抹上新鲜的。冬天嘴唇易干裂，必须每天临睡前在嘴唇上抹一层护肤油脂，以保持滋润感。

(8)定妆

修饰完五官后，最后用细腻的粉来定妆，这道程序不可忽视，它就像一篇文章的最后润色。要达到成熟女性的化妆要求，定妆粉的质量要求很高，粉质要细腻，颜色明亮，必须扫匀，脸上不要留下油光。

以上是成熟女性抗击衰老、永葆青春、爱美求美的几点修养要素。只要有爱美之心不难做到，关键在于持之以恒不断修炼。年龄不是问题、体形变化不会成为我们爱美的障碍，美丽将陪伴我们一生。

CHAPTER 5

第五篇 都市女性服饰审美与流行

流行是指一种社会现象，它以模仿为媒介，在一定的历史时间、一定历史范围内，受某种意识的驱使，由人们普遍采用的某种生活行动、生活方式、观念意识所形成。流行的内容包括社会生活的各个方面，如现在流行上酒店吃饭剩菜打包带回家，成为时尚后人们再不会觉得难为情。但是人们通常所说的流行，大多指服饰的流行。具体表现在，服装的款式、材料、色彩、图案纹样、工艺装饰、着装方式等方面。

时尚的先导者和追逐者是年轻人，他们拥有充满活力的生命，在流行面前特别活跃、特别敏感。而都市的成熟女性在流行面前，与一般年轻人相比有很多区别，她们态度谨慎，对流行的服饰有自己的独特眼光。她们希望得到人们的赞美、欣赏，表现出深层次的有气质、有内涵的美，这与流行并不矛盾，二者之间存在一定的联系。

一
都市女性审美与流行

1. 现代流行起因

流行得以存在，表现了人们两种相反的心理倾向：一是不愿意随便改变自身形象，愿意埋没于大众之中，具有墨守成规的从众心理，这是中国传统文化特质；另一种是喜欢突出个性与众不同，不满足现状，喜新厌旧，不断追求新奇变化的求变心理，这是受西方文化影响的结果。当代中国人普遍拥有这种心理，只是在年轻人身上更突出一点。这两种心理倾向以不同的比例混合，共同存在于每个人的心里。后者倾向强的人，往往表现为性情浮躁、多愁善感、不安分、善于创新，对新的流行非常敏感，他们是新流行的先觉、创造者、先驱模仿者。随着这类人的增加，流行被扩大化，逐渐在社会上形成一种代表“新”的流行“势力”。这种“势力”对当时的社会成员，会产生一种“不模仿就意味着保守和落后”的心理强制作用，使流行向更大范围扩展。那些对流行无动于衷、很少关注流行的人，在从众心理驱使下，被动地开始参与流行。而流行也就在后一种心理倾向较强的人的参与下，被普及和大众化，从而失去了该流行的新鲜感和刺激性。新一轮的流行又在酝酿之中寻机勃发。

流行，就是在人类这两种心理倾向的作用下，周而复始、一刻不停地从遥远的过去走来。“城中好高髻，四方高一尺；城中好广眉，四方且牛额；城中好大袖，四方全匹帛”是唐代女子服饰流行的真实写照。中国古代历史上的服饰流行如此，在西方古代社会也同样。16世纪文艺复兴时期的法国女性流行穿紧身胸衣和裙撑，夸大腰臀比例，细腰成为女性美的标志。流行继续向未来走去，这也是人类服饰文明能不断地向前发展的原因。流行的东西固然时尚，但一般难以长久，流行的特征越明显，越容易被淘汰，时间性和周期性是流行重要的特征。图5–1曾是“文革”期间最流行服饰，21世纪也曾一度被一些年轻人模仿，军帽成为赶潮流男孩的时尚单品，但没有引起流行。

图5–1

2. 正确面对流行

都市成熟女性对流行的敏感度与年轻人存在着一定差距，但与20世纪相比进步很大。服饰文化是人类社会文化的一个重要组成部分，具有表征特色。服饰文化的流行，在诸多流行现象中尤为突出，它不仅是一种物质生活的流动、变迁和发展，而且反映着人们的世界观、价值观的转变。服饰具有十分明显的象征意义，人们可以借助服饰进行处境、情感和思想交流，“服饰是无声的语言”，但服饰语言与真正的语言（如口语和文字）或其他符号交流系统，如由面部表情、肢体动作构成的身体语言等不同。在日常的人际交往中，人们可以通过服装打扮，向他人直接传递有关个体的性别、经济状况、年龄、身份、生活方式、审美情趣以及人生态度等多方面的信息。所以，对待流行的态度，往往成为衡量人的心理年龄的尺度，反映一个人的生活态度和个人文化修养。

都市成熟女性了解、关注流行，不断跟上时代步伐，对提升生活品位，在心理上与年轻人产生共鸣等方面有积极的作用。当然不提倡盲目地模仿年轻人。破洞牛仔裤是 2016 年的流行元素，假设一位年过五旬的成熟女性身着流行的破洞牛仔裤（如图 5-2 所示），即使有少女般的身材，也不会给人美的感觉，只会让人顿生疑问，为何要这般打扮？易给人为老不尊的印象。相反，年轻的女孩子无所顾忌地追逐流行，不论是金粉、刺青、高跟凉鞋或是其他的流行元素，人们不会大惊小怪且完全可以接受，因为这个族群的重要特质，就是“形式重于内涵”。我们要清晰地认识流行时尚不等于盲从，也不意味过了青春期就一定拒绝、排斥流行。

图 5-2

图 5-3

图 5-4

图 5-5

图 5-6

时尚指的是风格、造型、色彩的发展方向，比如回归自然风尚（如图 5–3 所示）；天然材质的服饰、简约风情（如图 5–4 所示）；没有过多的装饰，浪漫风情（如图 5–5 所示）；别具风情的装扮（如图 5–6 所示）；古典装饰风等等，无论流行什么风尚，人们都会受到流行趋势的影响。当满街流行尖头皮鞋时（如图 5–7 所示），如果脚上仍穿着宽头鞋，会产生与环境格格不入、特别老土的感觉，转而换上尖头皮鞋。能够直接影响审美意识，这就是流行的魅力。在流行面前无动于衷，就会和时代、环境脱节。因为流行，是当代多种物质和精神元素的综合体现，它像一个反光镜，把时代的某些特点折射出来，年轻人的敏感和活力铸就了他们的先锋气质。

图 5–7

年纪大的都市女性，为了了解、关注流行，就会去关心、注意年轻人的生活、着装特点，从他们身上获得更多的朝气和活力，找到与年轻人沟通的桥梁，产生交流的共同语言，在家庭中和小辈们融洽相处。这有利于她们融入时代和心理年轻化。另一方面，了解流行的特点后，她们能为年轻人提供合理中肯的意见，成为年轻人把握流行的良师益友。

图 5–8

在街头，越来越多的人打扮得简单美丽又富有时代感，同时也有只求时髦没有美观的年轻女孩，这时吸引人们的不是美和得体，而是新奇和古怪。图 5–8 中这个女孩子的打扮是韩国女孩的流行装扮，色彩红与白的搭配是年轻人的特点。她的小腿很粗，利用色彩或服饰把人们的视线移开或掩饰才是重点，用肉色袜子或穿黑色的紧身裤都比现在的效果好。肉色的长袜可以使腿部拉长，小腿不会像现在这么粗壮。如果是黑色袜子小腿也会显瘦，再用白色的文化鞋与上身呼应，而现在的半截白袜凸显小腿粗壮，是失败的着装。所以在流行的东西面前，要根据自身的条件来选择。

服饰装扮、穿衣戴帽里大有学问。20 世纪改革开放初期，很大一部分人，看见杂志上或模特的衣饰流光溢彩，不管“三七二十一”跟着就买，甚至根本不知道适合不适合自己，穿上后不伦不类，甚至滑稽可笑，现在这种现象很少出现了。穿出服装的流行感又美观得体，需要有一定的审美阅历和知识底蕴，需要有敏锐的观察力和艺术修养，成熟女性在某些方面有一定的优势。

都市女性欲了解流行，与年轻人交往是一条捷径。在购买、搭配服饰方面让年轻人提供参考、建议，在添置新的服饰时，把流行因素考虑进去，实现年轻感、新颖感。服装从色彩、款式、图案及配饰等（如图 5-9 所示），穿出独有的文化品位和时代感。如果流行风潮里有适合个人风格的，可以大胆地追逐。即使流行风潮消退了，仍然可以保持从而成为个人独特的风格，在服饰上既不会显得守旧落伍，又不会给人以浅薄无品位的感觉，具有长者的风范和尊严。

相反，如果都市女性在流行面前采取排斥的态度，就会关在时代的门外与时尚隔离，生活仍停留在老套子和旧习惯模式里，与年轻人的行为格格不入，无法理解年轻人的生活态度和服饰特点，引起年轻人的厌烦情绪，很容易产生矛盾，不利于家庭生活和工作，不利于融洽亲情、同事之间的关系。关注流行可以受到小辈们的尊重，给自己的生活增添自信与满足。

图 5-9

图 5-10

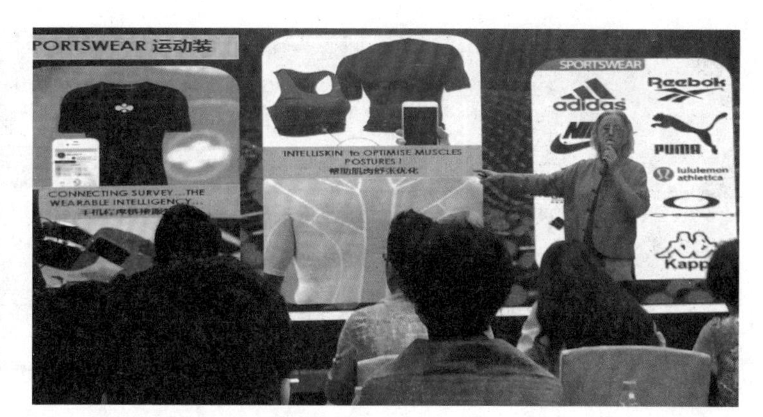

图 5-11

3. 解密时尚价值

在现代社会中，许多消费者为了不落伍赶时尚，为了提高生活质量、增加生活乐趣，追逐、关心着流行。但个人的生活圈子和职业圈子有限，绝大多数人无暇静下心来研究和预测流行，但媒体传播渠道广泛，广播、电视、报刊有一定的作用，但与现代的互联网相比流行信息传播的速度已经落后了。

服饰流行在当代中国已经不是简单的审美文化现象，而是多元文化交流的结果。时尚也成为推动经济发展的动力之一，是当代社会经济不可缺少的重要成分。服饰流行在当今商业经济中所起的推波助澜的作用越来越大。绿色、低碳面料、健康休闲与运动的生活方式，成为影响人们选择服装的重要因素。受此影响，智能服装（如图 5-10 所示）将是今后流行趋势和特征的重要发展方向。在广州 2016 年琶洲交易会上展出的智能运动服，就可以让人们在运动过程中记录运动时的心跳情况。

服饰流行为许多企业创造了商机。企业最大限度地利用各种宣传媒介，人为地发布流行趋势，引导人们按照既定的方向去消费。流行也不能凭空臆造，必须深入研究国内外流行情报，图 5-11 是广东服装促进会会场，邀请法国时尚专家为企业传达国际智能服饰发展动向。针对国际国内的重大政治、经济、文化、科技、自然生态等事件，在对过去流行规律进行分析的基础上，对准目标市场之所需，科学地、适时地推出流

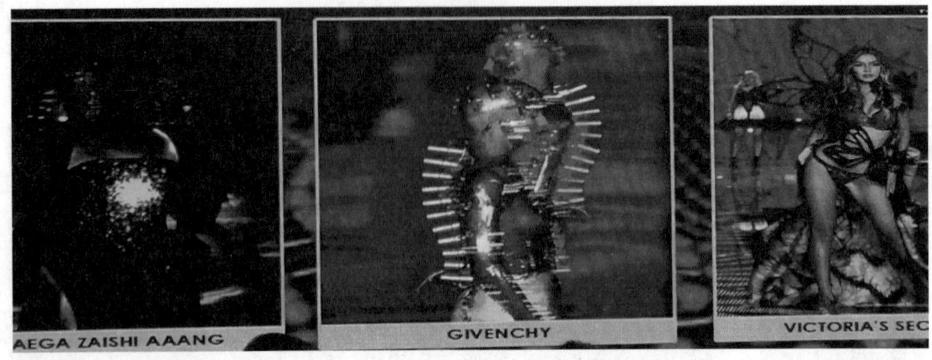

图 5–12

行趋势。图 5–12 中是智能服饰，服装的色彩随着环境的变化而变化。流行也依靠服饰产业部门（材料生产企业和成衣企业）和商业部门的直接参与，使这些企业有计划地根据流行趋势占有市场和控制市场。因此，流行的服饰价格总是偏贵，体现了创造流行的商业特性和经济价值的目的性。

在家庭经济中，年纪大的女性是消费的主要成员。对家庭收入与支出，有一本无形的账目挂在心上，购置物品总比年轻人多了一份价值考虑，在流行的服饰面前比较理性，很少像年轻人那样被时尚流行追逐，产生强烈的购买冲动。

一般品牌服装，流行的特征比较明显，有品牌设计师根据流行趋势推出时尚款式，价格中的时尚含量很高，与服装本身的价值相差甚远。这个因素制约了很多女性朋友，尤其是工薪阶层的成熟女性，在流行服饰面前能保持理智。即使一部分爱美求时尚的年轻人，在不菲的价格面前，也会犹豫再三，止步不前，常常在流行服装换季打折时购买。法国的时尚女性也会这样，这未尝不是一种好的选择。

对于降价服装理性对待也有讲究，不能盲目地认为价格便宜就买，要讲究适用，即根据需要与现有的服饰搭配，产生时尚价值呈现出时尚美感才能购买。现在很多商家通过打折吸引消费者从而促进消费，设有折扣店、折扣柜台，消费者必须保持头脑清醒，不要忘记当代人购买衣物，已经不是为了服装的使用价值，主要考虑的是审美价值、装饰价值、时尚价值，一旦失去了这些价值，服装便没有购买意义，何必买来一堆废品给自己添堵。图 5-13 中红羊毛裙与黑色上装搭配，裙子是特价款，价格不到原价的十分之一，自己动手在红裙上钉上黑色装饰，与已有的黑色上装搭配，再配上黑底红花真丝围巾，上下呼应产生了新的美感。在这种情况下买打折的服装，比较合理。与现有配件协调、搭配穿戴穿出时尚感，实用性强，才是理性消费。

图 5-13

另外品牌服装价格不菲，适当的购买也要物有所值。名牌不一定是名设计师的品牌，一些著名的主要针对成熟女性的成衣品牌，价格相对合理，款式的设计也符合多数人的需求，流行的节奏非常正点。一些大牌服饰过季打折，花几百元就能购买，加入流行元素重新合理搭配，也能表现品牌服装的流行品位。图 5-14 中上装线衫是个品牌服装，一折购买，与下装搭配，与经济服装的感觉是不一样的，做工精细，面料质地讲究，是成熟女性着装特点的集中体现。成熟女性要洒脱一点，为了提高生活质量，要营造良好心情，使人显得年轻和有活力，不时地购置一些品牌服装，为家庭、为自己营造一个优美的生活环境。

图 5-14

成熟女性着装与年轻人不一样，受很多客观条件制约。不包括传统习俗、思想偏见，什么“红到三十绿到老”的人为限制，而是受生理条件导致的自然限制。既要体现长者的风范，表现“稳重感”，又要有时代特征，满足中老年人的“年轻感”“新颖感”。稳重感是中老年女性普遍关注的。稳重感主要通过高档面料、精致的制作工艺体现出来（如图 5-15 所示）。这两个因素，决定了成熟女性服装的品质要好，价格不菲，

图 5-15

图 5-16

穿着的时间不能太短，在款式上流行的痕迹不能太重。流行特征越明显，淘汰的几率越高，流行的服装就像春花秋露转瞬即逝，人们还来不及赞美或嘲笑某些款式时，它们就已经下架了。成熟女性在服装款式的选择上，必须体现自己的品位和特色，选择一些古典传统样式的服装，是比较科学明智的。图 5-16 中的旗袍是中国女性的传统服装，历经百年革新，最能衬托出东方女性的端庄、典雅、沉静、含蓄，正符合成熟女性的着装特点。旗袍和其他服装相比，属于 H 型范畴，稍加内衣修饰，视觉效果修长。常用闪亮、发光、垂感性较强的真丝、天鹅绒高档面料，美化形体的作用明显；加镶珠施绣做工精细，烘托女性成熟与端庄，更显雍容华贵。

图 5-17

西服套装，是欧洲经过几个世纪的演变而定型的男装。以线条简洁、刚劲挺拔、穿着方便的独有魅力（如图 5-17 所示），传遍世界各地，也获得了女性的青睐，对年纪大的女性朋友是必备的服装。

西服需用垂感好、挺括的高档羊毛面料制作，有利于修饰臀、腹、腰部的肥胖，特别适合修饰成熟女性的身材弊端。颜色选用与相搭配的内衣反差较大的色彩，既能表现西服的端庄、高贵，又产生良好搭配效果，给人的视觉以收缩感为主，人显瘦。西服的门襟和其他服装相比，以不扣露出里面的衬衣饰品为其特色，露出内衣表现服饰的层次美感，显得潇洒大方。胸前佩戴流行的扣花装饰，以显个人的文化品位，可根据着装的场合特点进行变换。穿着西服，容易添加时尚元素，随着流行的变化而变化。

都市女性要想在流行时尚中，体现出特有的文化品位，在喜新厌旧和善变的追逐时尚的人群里，保持长久的魅力，艺术、科学的态度很重要。

图5-18

图5-19

图5-20

4. 驾驭流行艺术

（1）首先要理解流行情调

人类有模仿和倾向大众化的天性，也有别出心裁、与众不同的求异本能。因此，造就了一波又一波的流行风潮。当今的流行趋势以多元化为其特点，每个季节都流行多种风格，充满了可供选择的主题，其中流行色最为变幻莫测，不能孤立地理解，重要的是理解其流行情调、风格和崇尚的生活方式。

21 世纪的流行特点表现在服饰追求个性美，即追求能体现自己个性特征的服装色彩、质感和款式，将各种品牌的服饰按照自己的意志取向自由搭配，按价值取向追求自我个性体现，这种唯我的审美态度表现了中国人的历史进步。

追崇服饰品牌也是当今不少人的服饰特点，侧面反映了当前社会浮躁、急功近利的现象。为了向他人显示自己的社会地位，穿着名牌服饰期望以品牌来显现自己，而淡化了服装的穿着功能、款式和色彩的美感功能，以这种形式得到社会的认可，在本质上是价值观念不够成熟的反映。

而追求品质生活与自然美是当代主流流行方向，休闲、时尚、舒适、健康的着装意识是当今服饰潮流的大趋势。服饰品类分化越来越细，如休闲运动类的服饰（如图 5-18 所示），依据运动的特性而分成远足、登山、健身、步行、垂钓等多个类别。家居服也进行了细化，采用了高档丝绸、蕾丝和薄纱等面料，在形式的多样性方面前所未有（如图 5-19 所示），

图 5-21

图 5-22

图 5-23

出现了更轻更薄的半透明甚至透明装，丰富了人们休闲生活。在日常服饰潮流中人们追求自然美、强化个性魅力，在人体曲线或某些部位的强调、暴露上非常大胆（如图 5-20 所示）。也有高腰裙强调胸部，露腹衣强调腰部，超短裙显示腿部，牛仔裤表现臀部，甚至将半透明的或大面积暴露身体的服饰在公众场合穿着（如图 5-21 所示）。在艺人中常见的突显个性，吸人眼球的着装方式，形成了用人体和服饰共同构成的装束，也是当代欣赏人体自然美和审美观念开放的产物。

21 世纪，简约风格与中性化流行趋势在服装设计舞台上唱主角，简约、功能性、便利性、性别的模糊性是其总体的发展趋势。第一，满足人们寻求个性为中心，不拘泥于以往的风格界限，跨越时空把不同时代、不同民族的设计元素糅合在一起的综合设计，呈现出没有风格的风格特征，即中性的风格。头戴礼帽、身穿男衬衣，搭配英伦鞋的中性打扮（如图 5-22 所示）体现出这种风格。中性是一个模糊的概念，男女款式造型上没有清晰的界定，就其设计风格而言，与古典的传统服饰相比较，繁琐的装饰消失而呈现简约的特性。

第二，在技术方面则是最大限度地体现服装面料的特性和人体曲线的结构轮廓，摆脱了以服饰体现阶层的传统观念，打破了男装与女装性别划

图 5–24

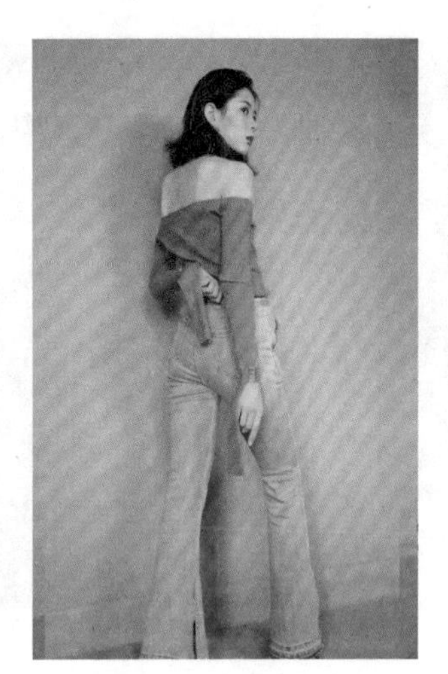
图 5–25

图 5–26

图 5–27

分上的传统界限（如图 5–23 所示），以方便人们工作、社交、休闲和运动为宗旨。中性化满足了女性工作的需要，在牛仔服装、休闲服装、运动服装上尤其具有以上所说的特性，这是服装发展历史的一大进步，是当代社会发展、妇女解放、科技进步在服饰文化中的体现。

（2）选择合适的流行风格

当前简约主义的风潮席卷全球，20 世纪风靡的简单直线条的服装重新登上了时尚舞台（如图 5–24 所示）。阔腿裤，为下腿过胖的女性提供了时尚的装饰条件。包臀牛仔裤（如图 5–25 所示），对于身材苗条的女孩子，是展示性感的最佳着装。流行的东西不一定适合所有的人，在流行面前务必冷静思考、善加选择。流行的饰物并非每个人都适合，气质和体形是选择的决定因素。

通常气质文静、体形修长的女性（如图 5–26 所示），比较适合怀旧风格的长裙加背心套装，骨感女孩在当下的时尚正可以一展风采，青春活泼，玲珑有致；而偏于丰满的女性，简约风、窄裙、筒裙是首选，不要穿紧身线条的衣裙，可以选休闲装（如图 5–27 所示）。当然，穿上休闲装也需要有个休闲心态，不要一个人本来风风火火、忙忙碌碌，却穿着休闲装，

图 5-28

图 5-29

图 5-30

气质与衣服不协调，让人一看就发觉出差距。我们不可忘记，流行服饰有一个共同的特点，要么锦上添花，要么雪上加霜，正确的选择才是关键。

（3）正确的搭配

一套服饰穿在身上，给人一个明显的风格、品位才有美的意义，这也是服饰搭配的最高境界。当身着晚礼服时，发型、头饰、脚上的鞋都不能随意，必须与你所处的环境和身上的服装风格相一致，表现出一种礼仪和修养。即使是休闲装要穿出流行感，也必须注意色彩、款式、质料风格的一致性。图 5-28 中从头上的帽子，到身上的裙子、脚蹬红鞋子都是红色与米色镶嵌，表现了一种韵律美感。因而抓住流行感时，别忘了越是走在潮流前列的衣装，当你搭配不合理时，其不协调音调越强。所以，流行服饰需要同属一个流行情调的饰品来配合。

（4）注意细节问题

现代年轻人对着装的细节，已经非常注意了，但上了年纪的人就比较马虎，一不留神把整个风格效果给破坏了。在人群中常会看到让人浮想联翩的女子，她们在衣饰或发型上与他人没什么不同，但她们总是那样的让人心动，这种说不出的动人感觉，除了气质外，还在于细节。完美的细节，是成功服饰的基本因素。图 5-29 中疏漏细节，这套复古旗袍装，搭配的袜子用的是黑色是一大败笔，如果换上肉色的袜子，与上身的透视呼应，整体效果会更佳，现在破坏了身上整体的流行情调。

冬季穿裙的女性往往为了护脚保暖，在裙内穿秋裤或踩脚裤，要选双好靴使色彩与整体协调。买条加厚羊毛裤袜时选条长及靴面的裙子。鞋是至关重要的细节，夏天穿优雅裙装配双塑料凉鞋，使女性花在化妆及衣饰上的心血付之东流。若换上一双与衣裙色彩一致的皮凉鞋或时装鞋，效果则不言而喻。图 5-30 中鞋与花裙的蓝色调一致。头上的伞的色彩与花裙的紫色呼应，白色的珍珠项链与蓝紫花真丝裙更是绝配，给人非常舒服的视觉效果。如果戴一条手链足以与身上休闲装匹配时，就无须耳环、项链的加盟。

流行是时代的特征和气息，只有当我们用心去感受时才能发掘。搭配服饰时尝试身穿流行服饰，才不会在纷乱的流行中淹没，而赋予它强有力的生命和魅力。都市女性从流行中可以获得更多的生活乐趣和活力。

了解流行的途径

都市女性朋友，当我们知道了时尚流行在生活中就像炒菜添加味精、香料一样，能够增添生活的“鲜美”，那么了解流行时尚趋势就是必要的。了解时尚也不是一件难事，现代网络、多媒体发达，途径多样，只要我们在生活中做个有心人，流行时尚的信息便唾手可得。通常主要有以下几种途径。

1. 服装展会

法国巴黎 PV、意大利米兰 MODA、美国 IFFE 等面料博览会，意大利佛罗伦萨 PITTI–FILATI、巴黎 EXPOFIL 等纤维和纱线展，还有像巴黎的 SHEM 男装展、杜塞尔多夫的 CPD 成衣博览会等，这些展会经过多年的发展，成为集中展示世界各国流行产品的一些重要服饰展，是权威的流行趋势发布会，诠释国际流行的概念和认识。由于参展商在行业内的先锋地位和展会巨大的贸易成交量，很大程度上左右着国际某一地区的市场流行。这些有权威的专业展会，发布的流行信息非常具有参考价值，是专业人士了解国际服饰流行特点的重要途径。中央电视台和地方电视台的时尚娱乐节目中，主播及明星们的服饰也是流行信息的传播渠道，东方卫视《我的新衣》《金星秀》等节目也是典型的流行信息传播渠道。

图 5–31

2. 专业刊物

每年国际上，许多出版机构出版大量的杂志和报纸，根据其读者对象和用途，可分为非专业和专业两大类。非专业也称之为时尚休闲类，像《MARIE CLAIRE》《COSMOPOLITAN》《L'OFFICIEL》《VOGUE》《ELLE》《BAZAAR》以及《WWD》等，都是世界公认的女装休闲时尚杂志和报纸，这些杂志在全球有许多不同文字的版本，对倡导流行起着积极的作用。国内有 VOGUE 服饰与美容、时尚健康女性、时尚芭莎、时尚 COSMO、瑞丽服饰美容、瑞丽新发型、女人花、都市丽人、MM 公寓、女人坊、女刊、花溪、Me 爱美丽等，上海服饰（如图 5–31 所示）是针对服装专业行业的杂志。而国际上有一些专业的出版公司和信息机构，它们的服务对象为纺织和服装厂商，即为业内人士服务的，通称为专业出版物，如中国纺织信息中心出版的国际纺织品流行趋势，就属于专业类杂志，它以提供国际流行色、面料和服装设计讯息为主要报道内容，针对的读者对象以服装和服装设计人员为主。

目前，国际上有很多家专业出版机构，在流行趋势预测方面有很高的权威性，例如色彩预测方面，有英国 ITBD 公司出版的《ICA》、荷兰的《VIEW ONCOLOUR》《VIEW COLOUR PLANNER》、德国时尚研究所的《TENDENZFARBE》等。面料方面，有意大利《ITALTEX》《NOVOLTEX》以及日本《JTN》等，它们的预测信息涵盖了女装、男装、针织、印花、装饰等各个方面，以实物样本为载体，将公司的专业研究人员从市场上获得的流行概念通过实物的形式表达，指导企业的个案服务。服装方面，像法国PECLERS、SACHA PACHA、德国READY MADE、美国HERETHERE、3D等流行资讯顾问机构和专业设计人员或是行业内的权威人士，他们除出版流行预测的设计手稿外，还为一些服装企业提供个案设计服务。其出版的预测刊物具有相当的准确性和参考性，在流行趋势预测领域的影响不容忽视。这些流行资讯常常以各种形式来表现。一般而言，一份完整的流行预测应该包括流行色及灵感主题，然后是相应的纤维和纱线，其次是面料及其组织结构，最后是服装款式和效果图式及细部处理等。我们可以根据自己的兴趣爱好选择阅读，从中得到美的熏陶，获取更多的流行信息。

3. 权威机构

一些国际知名的机构和公司，特别是原料和纤维生产、推广机构，如美国棉花公司、奥地利蓝精公司、美国杜邦公司、国际羊毛局、新西兰羊毛局等定期发布有关流行趋势的报告，通过这些预测报告来诠释他们对市场的认识，树立自己的权威性，从而达到引导市场、引导消费的商业目的。这些机构的流行报告虽然明显带有推广产品的倾向，但也不失为一种富有价值的参考，因为这些机构的趋势预测常常是以他们未来的产品发展方向为依据。巨大的商业投资和宣传，使之具有相当的影响力，在一定程度上引导消费者的购买方向，这些是服装企业特别要关注的情报。图5-32是在广州举办的

图5-32

图 5-33

图 5-34

2016 年中意时尚高峰论坛，近 200 名服装企业家、设计师和时尚界行业专家到场，来自中国和意大利的嘉宾以“互联网时代的中意时尚产业合作”为主题，围绕如何利用好互联网平台，激发中小型企业的创新能力，提升服装产业从业者的设计创新能力等话题开展了主题演讲，其中意大利时尚专家谈了世界服饰发展方向。

4. 市场反馈

流行是一种群体行为，而且有很大的惯性。研究表明纺织品和服装的流行趋势，受到社会、人口、教育、经济、科技、文化、民俗、气候等因素的影响，变化是有规律的。虽然绝对的精确预测是不可能的，但根据上一季的市场流行，可以对下一季流行作出合理的推测。现在智能服饰在一些大的品牌中已经出现，即将成为新的流行发展方向，如能检测睡眠状况列出身体各项数据的 T 恤（如图 5-33 所示）。健康运动、绿色环保是现代人们追求的新时尚，智能科技在服饰上的应用成为现在许多服装企业研究创新的方向，将带来服饰流行一次大变革，如裙色能够随着人情绪的变化而变化（如图 5-34 所示）。一些行业内的弄潮企业和先导企业开发的智能服饰产品可能会在下一季中成为市场的流行热点。因此要通过收集市场流行的资料，调查客户对产品的看法、了解竞争对手的动态等，只有对市场充分了解，才能准确把握住流行的周期和状态。这是服装企业及设计师考虑比较多的问题，我们了解这些信息对把握流行趋势也有很大的益处。

5. 艺术媒体

在信息资讯日趋发达的今天，人们不可避免地受到媒体的深刻影响，一位当红明星的衣着和生活方式、一部给人强烈震撼的电视剧、电影或音乐，都可能会引发一场流行风潮。这种情况属于流行运行的异常状态，具有很强的不可测性，但对普通消费者的影响却很大。就拿最近热播的韩国电视剧《太阳的后裔》和国内的《欢乐颂》来说，里面主要角色的服饰，都会传递出流行信息。因此一个成功的服装厂家应当时刻关注时代和身边发生的事情。此外像博物馆的展览、专业画展都可能成为流行的灵感源。加之现在几乎所有的地区电视台都设有时尚栏目，这是一个了解流行的很好窗口，只要我们有意识地注意观察，就能从中获取很多流行信息，给我们的着装打扮提供审美参谋。

6. 服饰网络

人类已经进入互联网时代，网络成为人们交流的重要工具。浏览知名的服装企业、国际行业宣传和推广自己产品的网站，是获得流行信息的一种快捷方便的方法。如网易中的时尚栏目下面的子栏目为联合国妇女署、vogue 中国、ELLE、嘉人 marie claire、男人装、时装、悦己、昕薇网、瑞丽女性网、无时尚中文网、都市客、她时代、时尚先生、精品网、南方时尚、时尚网、1626 至潮网、onlylady、LadyMax 女性网、健康之友、海报网、芭莎珠宝、YOKA 男士网、爱丽、米娜时尚网、罗博报告、爱美女性网、POCO 女性、美食美酒网、TARGET 致品网、美黛拉等。

都市女性朋友，注意获取流行信息，能给我们生活带来更大的乐趣和精神享受。

CHAPTER 6

第六篇

都市女性服饰文化

爱美对都市女性而言，是一剂永葆青春的“良药”，只有正确地服用这副“药剂”，疗效才会显著。恰到好处的服饰，就是这副“药剂”发挥神奇作用的关键。

一

服饰修养要领

1. 女性需要自我包装

当代中国经济进入了快速发展跑道，人们的生活质量明显提高，追求高层次消费心理同时审美能力与日俱增。都市女性在充分展现个性文化、自身特点的今天，利用服饰美提升自我形象，已不仅仅是指服装的色彩和款式了，还要讲究整体搭配的组合效果，一件或一套服装在颜色、款式上与所需饰品色彩、造型相得益彰，达到整体艺术和谐统一。具备服饰知识和搭配技巧是都市女性实现自身价值，提高自我修养不可或缺的部分。

人体包装的视觉媒介即服饰。服饰是指装饰品以及人体外露部分（如头、手、足等）化妆的总称。从服饰文化角度分析，“服装”归属“服饰”。服饰是一种语言的延伸，在不同场合的着装形式风格不一样，表现的气质和个性也不一样，这就是服饰对女性的包装，也是个体对外的广告。

女性成功的自我包装，选择不同服饰时，首先要了解自身的综合条件及穿着的场合，还要结合流行趋势及个性特点。价格高、豪华时髦的服装和贵重的饰品，搭配不到位，同样达不到高层次和理想的自我包装。相反，搭配到位，很少的经济投入，也可以得到很好的服饰效果，展现服饰修养

图 6–1

图 6–2

图 6–3

图 6–4

内涵。图 6–1 是一套休闲度假服装，从头到脚，色彩搭配和谐统一，无论是头上的帽子，还是脚上的鞋，全身的色彩都有一种呼应关系，体现了形式美的节奏韵律，显示了着装者特有的艺术气质。

图 6–2 是广州街拍，图中穿花裙的女性，裙子红底黄花很漂亮，色彩炫丽，对这个年纪的女性提升精神是不错的选择。如果脚上的鞋在花裙子中选取一种主色，黄色或红色，也可以用乳白色的鞋，缓和色彩的对比，会产生更高级的视觉效果。现在黑色鞋与红花裙反差太大，给人太强的刺激，在炎热的夏季，看上去不太舒服。

服装是一种最大众化的文化，让年纪大的都市女性改变生活观念，利用服装来美化生活至关重要。过去那种“人已老再打扮也就那样，让年轻人漂亮”的悲观论调很不可取。如果“美是年轻人的事”，生命的外在美好时光不就很短吗？图 6–3 中老人已过 90 岁，对服饰装扮充满热情，与年轻人相比，表现出来的精神状态一点不差。国外的老太太们早就为我们立了标杆，人生的任何阶段自我包装意识都不可少，爱美是一辈子的乐趣，追求美是热爱生活的表现，使人积极向上、有利于身心健康。成熟女性有自我包装意识，会让生命的这个阶段变得精彩。图 6–4 中横条水兵式的服装与海边的场景很协调，过花甲年龄同样可以展示生命的活力。掌握搭配方法，选择服装、饰物要有一份成熟的心情，有一份理性的心态，不能凭一时一事的喜好，要摆脱“女人的衣柜里总是缺一件衣服、一件饰品”的感觉，实现高层次消费群体追求的服饰境界。

女性保持年轻的感觉，热爱生活追求美的事物，时光飞速、岁月流逝不是问题，只要珍惜生命的每个阶段，用具体行动提高生活质量，每个人就能美起来。

2. 服饰对人体的装饰贡献

现在人们对服饰整体美的认识普遍提升了，充分发挥服饰对人体的装饰贡献。服饰美的奥秘又在整体之美，即是上装、下装或上下连装、鞋、袜、帽子、手套、围巾、领带、腰带等的配套之美，以色彩（含花形款式）、功能以及质料为配套基点。对服饰整体美的理解、驾驭能力，直接表现在服饰的设计、制作、选择和穿着佩戴的艺术统一上，帮助人们营造赏心悦目的视觉感受。

图 6–5

服饰自我设计中强调整体美意识，需防范许多常见的错误，呈现高级的自我包装。图 6–5 中服装色彩鲜艳夺目，整体美设计一目了然。上装外套色彩丰富花色多样，但内衣的色彩与外套的主色一致，下装乳白纯色笔筒裤取上装外套的一种色彩呼应，鞋与包呼应，色彩与裤色是同类色很好协调，项链色与裤色呼应。色彩虽多给人却是很舒服、协调的视觉感受。

可见，服饰整体美意识和对服饰整体美的判别能力，不仅成为合格的服饰设计制作者必备的专业素质，也是高品位服饰使用者不可缺少的修养。

服饰整体美包括三个部分：

第一，人体与服饰在观感上合二为一。着装者的气质和服饰的风格相一致，由人的体形（从头到脚）展示出整体的美感。过去的一句歌词“跟着感觉走”在服饰上

图6-6

图6-7

图6-8

图6-9

不可取。有些人喜欢跟着流行的感觉走，盲目追求流行的款式和色彩，忽略自身的气质与流行的差异。比如，现在流行短裙、短裤、洞洞裤（破牛仔裤），但对于腿粗的人很不适合（如图 6–6 所示），反而阔腿裤是不错的选择，切不可赶洞洞裤的时髦；图 6–7 中破裤把大腿都给露出来了，对小腿很粗的人来说，大腿可想而知也很粗，赶时髦会把自己的缺点暴露无遗。

第二，服饰与所在环境、场合、活动内容相融合。服饰的整体之美被活动的环境衬托和强化，中国成熟女性的服饰更强调这一点。图 6–8 中在好莱坞的颁奖典礼上，明星们走红地毯着高级礼服亮相，只有在这种场合才能体现它的价值，衬托出明星们的光彩夺目及对这一盛典的尊重。一般出席高档宾馆举办的重要会议，如果穿上了休闲服会有自惭形秽的感觉。

第三，服装与配饰品各个部分组成完美融合。为表现主题，互为补充地展示整体之美，体现着装者的艺术修养。

图 6–9 是不够完美的服装例子，主体在商场试装的照片，也是生活中常见的服饰错误。这套红色蕾丝裙装，很适合主体着装者的高贵气质，但呈现的不是服饰整体美。搭配的袜子色彩、鱼嘴靴子风格（这是朋克风格

图 6-10

图 6-11

图 6-12

图 6-13

服装的鞋）与服装美感不一致。配透明肉色长袜，用英伦复古风格黑色或红色的皮鞋，整个服饰就融合了，更能表现成熟女性的高贵气质，整体风格达到了统一，着装效果更佳，可以出入正式场合，宴会等地。图 6-10 中展现的是运动休闲风格，无论在色彩上还是与环境的融合上都非常和谐。

许多人在选购成衣或饰品时，往往孤立地看某件或某套服装本身的漂亮，或者某个饰品的贵重，例如颜色美、款式好或质地高级，而不注意与已有服饰的搭配，与其他物品的配套效果，这是很多上了年纪的都市女性常犯的错误。图 6-11 中这套服装的败笔在鞋子上，塑料凉鞋与头上的太阳帽风格相悖，头戴的太阳帽高档雅致，塑料凉鞋是低档的雨鞋，上部分比较统一，尤其在色调上一致，而脚上根本是不同风格，应该搭配真皮凉鞋，色彩用白色、黑色，也可以用黄色，与身上的小包呼应，这样服饰才达到完美融合。

在我们生活中有些女性很重视服饰装扮，也舍得花时间和金钱，但由于在整体美上考虑不到位，通常会犯前面提及的错误。容易出现杂乱无章、不伦不类的搭配，达不到美化人体的效果。

成功的服饰都有明确的配套意识。在选择服装时，首先确定要表现什么样的基本形象，这是服装的基调。是热情（如图 6-12 所示），还是活泼（如图 6-13 所示），是沉稳（如图 6-14 所示），还是温和（如图 6-15 所示），是刚劲（如图 6-16 所示），还是淡泊（如图 6-17 所示）。

把需要搭配穿戴的物件连成一个整体进行构思，俗称配套设计。现在

图 6–14

图 6–15

图 6–16

图 6–17

图 6–18

图 6–19

很多品牌服饰在出售时为消费者配套展示，便于消费者选择。构思服饰的整体美，又有三个最基本的方面：

（1）色彩的整体配套即配色

这套夏天的绿紫花裙（如图 6–18 所示），单个来看在炎热的夏天不是最佳选择，但与背包凉鞋配成套倒显出清爽质朴的美感。双肩包、凉鞋颜色都选中花裙中的绿色，产生和谐之美。相反，如果包、鞋的颜色在花裙之外，会给人眼花缭乱、不舒服的感觉。

上下套装搭配，除统一色彩外，一般异色配套以下装比上装颜色深些为好，尤其下身偏胖者，上下装几乎是补色对比，加上红包（如图 6–19 所示），非常刺眼。图中主体下身偏胖，用浅红色的打底裤扩大了腿的面积人更显胖，这是服饰搭配通常忌讳的。如果用黑色的打底裤搭配，起到收敛瘦身的效果，整体会好看多了。如果下身苗条换上白色的底裤，与鲜艳的绿色调和会显得年轻活泼。一般补色对比色彩之间量的比例很重要，忌讳平分秋色。图 6–20 中上装红色线衫，与黑丝裙搭配，整体感觉稳重、大方，小件黑色服饰品点缀其间加大了黑色面积效果，使整套服装融入活泼、轻松感。挂件用黑色与下裙呼应，稳重中求活泼，鞋与上装呼应，有种统一的美感，这是服装整体美最基本的要求。倘若打算上下装采用强烈对比色即补色，则应考虑年龄、场合与个人风格，尤其色彩面积对比要拿捏到位，冷暖色面积对比也是同样道理，最好的办法是用点、线、面三七开，

图 6-20

就是三分与七分之比。切忌平分秋色，上下装色调、花形不要相冲，上图 6-19 是令人尴尬的着装。色彩搭配用得好，也可以上浅下深（如图 6-20 所示）。

（2）上下装款式的整体协调

上下装之间要与鞋、袜、帽子以及其他配套饰品协调。图 6-21 中上装宝蓝，下裙白底蓝花，明显上重下轻，但整体表现了一种韵律美感。饰品白色珍珠项链配宝蓝上衣，与白底蓝花太阳帽、蓝色皮凉鞋，统一在白色与蓝色的主调之中，无论是太阳帽还是上装、下裙，白与蓝色为统一色调，你中有我，我中有你，在炎热的夏季给人清凉雅致的美感。

图 6-21

不同风格、不同民族、不同时代的服装，同时穿在身上是当下的另类风格。假设冬天上穿意大利貂毛领真皮大衣，戴上一顶滑雪线帽，再穿上一双棉靴，一般会觉得很别扭，就像西服套装下面蹬一双解放鞋，会显得不伦不类。图 6-22 中是运动休闲套装，鞋、包与服装的风格不一致，如果换上运动鞋和双肩包整体感觉就更美了。色彩用黑色的虽然问题不大，但红色就更高级。

（3）服饰品的整体配套

鞋在全套衣装的格调中作用很大。图 6-9 的失败在于鞋和袜的搭配不对。图 6-23 中这套以粉色调为主的休闲装，给人呈现了服饰品整体配套的美感。上装图案色彩中的粉色与下裤的粉色一致，双肩包的色彩也是粉色，鞋是白色运动休闲鞋与上装呼应，头上的休闲型帽子与整个服装风格一致，所处的休闲环境——鱼塘垂钓与太阳镜更是协调一致。

图 6-22

袜子的色彩及质感在服饰装扮中不可小觑。通常以

图6-23

图6-24

图6-25

肉色和棕色的袜子与上装搭配比较保险。胖腿者选色与服装主色调基本相同或深一些，瘦腿者选色浅些，但要注意透明度和完整性，夏天用透明度高的，冬天则相反了。再就是裙摆，开叉处必须盖住袜头，有些时髦女子，正面看很得体，背面看从裙子后开叉处，露出袜头和未被袜子遮挡的两截大腿，很不雅观。前面的图 5–29，在穿旗袍时没有选对袜子的颜色，破坏了整个形象。袜子的款型也必须考虑是否适合：带花边反褶头的袜子是为儿童、少女设计的，胖腿中老年女性穿上就不合适。年纪大的人袜子与衣服、鞋的色彩对比太强烈，也失之稳重和谐。此外，穿花衣裙配单色袜，穿西服衣裙不宜穿花袜，这些细节往往成为整体美的关键。

提包，在女性的装扮中起到画龙点睛的作用。在服饰文明水平较高的城市，女性的包特别讲究，不同服装搭配不同包。都市女性正装出席正式场合背双肩包和拎购物袋都是不协调的。包的大小也是有讲究的，穿上旗袍则选中小型包，颜色要与服装色彩配套。冬天提包体量可大些，夏天则应小些。图 6–24 中外面的羽绒衣是淡粉色，选了黑花色的大包，与冬季厚装很适应，画面和谐。平常以黑色为主调的衣服配任何颜色提包都适合，用明亮的色调效果更好，穿花衣服最好配素色提包，穿藏青色、黑、灰服装可配红色提包，而黑色与咖啡色提包，配色的范围更广，与色彩艳丽的

图 6-26

图 6-27

图 6-28

服装都相宜。图 6–25 中包的色彩与上衣的花色一致，鞋也呼应，甚至与所处的环境都一致，绿色的短裤反衬出了下体的修长，这是很成功的整体设计。

另外要强调帽子在服饰品中的地位，它在服装格调提升中作用明显。过去西方有一种说法，没学会配帽子等于不会穿衣服，图 6–26 是英国帽子专柜，各种风格应有尽有。帽子现在还没有成为人们普遍的服饰品。目前停留在遮阳、保暖使用价值阶段，一旦人们重视了它的装饰作用，服饰品位将得到提升。图 6–27、6–28 中帽子对整个服饰形象的提升起到了画龙点睛的作用。图 6–29 中如果没戴紫色的貂皮帽，紫色羊绒大衣看上去和其他的大衣没什么区别，但一配上帽子，中年女性特有的气派油然而生，服装的风格品味上升。围巾和手套除了保暖，也是装饰品。色调素雅的衣服（如图 6–30 所示），可配上色彩鲜艳的围巾或手套，相反，色调明丽的服装（如图 6–31 所示），围巾和手套都应素雅才好。

3. 女性美离不开服饰

年轻女孩因为风姿绰约、妩媚动人，所到之处无不被众人惊叹和羡慕，总以被众人目光所包围而引以为骄傲。美丽的女性在社交中有天生的优势，不完美、年龄较大的女人总会感到泄气和自卑，其实借助现代服饰艺术同

图6-29

图6-30

图6-31

图6-32

样可以展示成熟女性的特有气质和风韵美。图6-32中的女性是个变化明显的广东女性。十年后比十年前更年轻，有成熟女性的韵味，很好地服用了“服饰”这副药剂，把“黄脸婆”扔进了历史垃圾堆，懂得了实现女人美丽梦的补救办法。通常女性美分两种，有文化的女人“腹有诗书气自华”，以风度和气质相助，这种美持续的时间更长；另一类文化水平偏低则以温柔贤达行为或是声音，加上外在的服饰美来补救。但不论怎样，女人的美总是和服饰艺术紧密相联。女性因一身合体的衣服而增色，因得体的装扮而楚楚动人、青春焕发，即使外貌不出众的女性也会变得引人注目。

在生活中，还有两种女人，一是不会穿衣服的女性，对服饰不感兴趣，服装停留在遮体保暖阶段，图6-33是广州社区的街拍，这种女性在物质文明不断进步的今天实在太落伍了。还有一种是爱美，却没有服饰美常识，盲目追随街上流行的。例如街上流行长裙，个子很矮，却拖着个长裙像扫大街的扫把，给人又压抑又累的感觉。服饰对女性是必修的“艺术”和“学问”，失去先天优势的女性掌握这门学问同样可以美得自信。

女人穿衣装扮，虽是仁者见仁，智者见智，各有所好，但总归对美的热爱和认识是有规律可循的。需要人们了解服饰艺术，要有与众不同的构想，需要有文化素养和对自身了解的基础，而实现构想依赖于服饰实践，要多观察多比较，找准适合自身的服装风格。

图 6-33

图 6-34

图 6-35

图 6-36

常听人评价经济基础起决定作用，女性完美的服饰，实际上与金钱的多少不存在必然联系，而时间的投入比金钱支出更重要。如果不是很富裕，利用一些时间，耐心地挑选可以找到适合自己肤色、身材和气质的物美价廉的服装。不要认为价钱昂贵的衣服，就会给人带来美，会穿衣服的女性不一定花很多的钱。这位在书上多次出现的女性（如图 6-34 所示），她的很多服装都不是大品牌，但她敢于用色，搭配协调，表现了较高的服饰艺术修养。有些女性穿着含金量很高的服装但忽视与鞋袜、首饰、头饰、提包颜色、发型及衣服款式的搭配，虽然一身珠光宝气，却感觉支离破碎，会出现俗不可耐的尴尬状态。虽然是价值上万的貂皮（如图 6-35 所示），但耳环、围巾品质不协调，也是低俗的感觉，没有烘托穿着者应有的气质。有时也看到大街上来往的女性，本来一身颜色款式协调又大方的装束，挎上一个与服装相悖的提包，一不留神把整个服饰格调破坏了。

即使在金钱与时间有限的情况下，真正会穿衣服的女性，也懂得依靠自我感觉，把旧有的服装搭配出一个新的穿法，也许时装就在偶尔灵感中创造出来。图 6-36 中利用已有的小坎肩，与花布长衫搭配，减少了棉布的粗朴，衬出了色彩，穿出时尚的感觉。

世界著名的时装之都巴黎，每年的时装展示会多如牛毛、数不胜数，各种新款时装琳琅满目，可大多法国人，对此并不动心。据法国服装研究中心的一项调查表明：法国人平均每 4 年才更换一次新装，在 103 件法国人的典型衣物中，仅有 26 件是过去一年内买的，占 25%。很多巴黎人认为，艺术地利用自己已有的服饰来打扮自己，才是穿衣服的关键。离开了个性，裹在时髦的衣物里，只能让新潮时装湮没了个性，那是奢侈不是美。图 6-37 是巴黎街头当地女性服装。“穿出自己的风格”才是巴黎人着装的格言。

图 6-37

时髦和流行都不会给女人带来真正的美，而女性独特的美丽，在于表现个体独特的风格。在这个服饰文明已经达到多元化、人性化、时尚化的时代里，做女人必须学会服饰艺术，才有女人的青春常在、千姿百态，才更具有女人独特魅力和风格。

认知服饰个性美

1. 认知多种风格

当代人穿衣打扮讲究个人风格，这是服饰文明水平提高的表现。许多女性在着装上，通常犯的一个错误，就是对自己的服饰风格没有一个清晰的定位，盲目跟随潮流或模仿他人，以至于永远找不到自己的风格特征，突出不了自身的形象。下面归纳出当代几种具有代表性的风格，或许对爱美的都市女性有所帮助。

浪漫温柔型。这是女性味很浓，注重装扮修饰自己的那一类女性的定位。身材也许不是无可挑剔的，但仪态好、风度佳，属于温柔、优雅的典型。这类风格的女性（如图 6–38 所示），偏爱淡而柔和的色彩、悬垂飘逸的衣料、温柔的花边褶折及 X 形的女性化造型。她们也有浪漫的一面，敏感、极具审美能力，常花不少时间在化妆和修指甲上，但做得含而不露，让人觉得美是自然存在的。她们喜欢利用时尚的女性饰品来美化自己的外表，能把发光的缎子丝绒，低领的衣裙穿出优美纯洁的感觉。在搭配上，她们会选择精致

图 6–38

纤巧的首饰和典雅的发型，表现出不事张扬的韵味。

浪漫性感型。这种风格特点的女性，多数对自己的身材有信心，体态健美玲珑，五官很有魅力（如图6–39所示）。这种女性衣着宜采用柔软的面料，新颖时尚的款式，可以选择体形性服装来表现优美身材，能凸现一种生命活力。饰品可选精致豪华的样式，如镶大粒珠宝的首饰和鲜艳的羊毛披巾、丝巾之类。化妆应突出脸部独特之美，如性感的红唇或闪亮的明眸。发式要注重长度，而且多变，大波浪卷的各种造型及色彩变化，最能表现浪漫性感之风韵。

图 6–39

青春自然型。这是精力充沛，积极向上具有男性气质的女性的定位。这类风格的女孩天生丽质却轻妆淡抹，让人觉得亲切大方，外表总是比实际年龄看起来年轻些（如图6–40所示）。五官明朗，个性无拘无束，似乎并不刻意讲究穿着打扮。衣饰休闲随意，以棉质、针织类轻松布料制作的罩衫、宽松裤、短裙或帅气衬衫为主，常常是牛仔一族，即便是全身牛仔服装也极为贴合气质。发型以自然为主，不拘样式，或短或长，因而更显独特和难能可贵。

图 6–40

古典高贵型。这是职业知识妇女，讲究服装品位的白领女性的定位。年龄在三十以上，有一定的阅历、特征是冷静、保守，衣着比较讲究。这类女性体态比较中庸，发型整齐易于梳理，盘髻或短卷发等发型给人整洁、雅致、典型的都市形象，化妆精致但绝不俗艳。服装讲求风格突出、合身典雅的剪裁；选用沉着的色调和高级面料，条纹花色和传统的套装比较多，符合古典高贵的气质。配件中特别注意档次与服装配套，包括鞋和手袋以简洁高品质著称

图 6–41

图 6–42

图 6–43

图 6–44

（如图 6–41 所示）。

艺术或戏剧型。这是从事艺术类工作，思想开放个性强的女性的风格定位。此型风格的一部分人是相当前卫的，主观意识强，有独特想法，喜欢一些特殊而极端的东西（如图 6–42 所示），不随波逐流，有自己的个性品位。也不排斥穿最典雅的服装，选用不常有的花哨别致的饰物，含而不露地释放个性，流放魅力。另外也有一些自信而含蓄的女性，衣着常有潇洒不羁的味道，如宽大罩衫，常以民族特色的元素来装扮自己，如手染布裙、民俗饰品，通过尖锐对比的服饰组合，异国风味的花色、华丽或极朴素的化妆突出自己的独创性。或者夸张或者典雅，总之要给人以多变化难以捉摸、怎么穿怎么有味道的感觉。在演艺界突出的舞蹈家杨丽萍就属于这个类型。

迷人自然型。这是不喜欢张扬自己、怕引起别人注意的女性的风格定位。服饰注重舒适和实用，对浅色和比较朴素的款型情有独钟，如裙子与毛衣的搭配、灯芯绒与棉布、格子呢的套裙、亚麻布的衣服、轻便的鞋。图 6–43 中发型是自然感的造型，不刻意地吹风与定型。饰品可选择小型首饰，对珠光宝气有排斥心理，对徽章、襟针、珠子项链和手镯等较质朴的饰品很看重。她们可能身材苗条但绝不虚弱，外柔内刚。化妆以暖调和纤巧不张扬、不醒目为佳。

纯情自然型。这是一些涉世很浅的年轻女孩的风格定位，许多日本女孩常选择这种着装风格（如图 6-44 所示）。她们五官秀气、白皙，特别喜欢白颜色，气质纯朴者最适合此种类型。衣着设计多偏向于蕾丝、荷叶边、小碎花、锻带和蝴蝶结等。发型以直长发为主，忌讳卷发，饰物不求高档，以色彩绚丽、造型可爱的为佳。天生丽质不需化妆，偶尔以粉红强调健康的唇色或脸色，注重保持清新的面容，给人自然天成的美丽和纯真的印象。

图 6-45

以上风格主要体现在青年女性身上，成熟女性不可盲目效仿，必须突出自己的特色。都市成熟女性的风格特点主要有以下几种：

纯朴自然型。这是目前国内大部分中老年女性的着装定位。她们对自己的着装没有个性要求，沿袭传统女性的着装方式，以不起眼随大流的从众心理为主。买衣服以实用价值为衡量购买的标准（如图 6-45 所示）。对身材的变化顺其自然，更不会考虑化妆的事，对同龄人的装饰打扮由看不惯逐渐到能接受，但绝不会模仿。经济实惠左右她们的着装理念，服装颜色以深色为主，款式选择能够遮盖发福的身体为妙，不讲究体形的塑造和对自己身材的美化，服饰不考虑整体搭配，即使服装的颜色比过去明亮了许多，也依旧缺乏装扮艺术。

图 6-46

运动健康型。这是城市中已退休的，有一定文化知识、身材明显发福的中老年女性的风格定位。这类妇女充满活力和生活情趣，不服老的心理表现突出，体形偏于肥胖，她们对运动服的色彩艳丽、宽松肥大、

图 6-47

图 6-48

图 6-49

不显体形的特点情有独钟。运动服便于活动、舒适又富有朝气（如图 6-46 所示），很能弥补日趋衰老的身体缺陷，一般得到具有一定文化素养的中老年女性的钟爱，如退休干部、教师、职员。

富贵时尚型。这是在改革开放后，家庭富裕起来的中老年女性的风格定位。这些女性资金充裕，以名牌高价格的服装为美和自豪，金银首饰配套，以价格的昂贵为骄傲，注重美容美发，为保持身材、美化容貌不惜代价，图 6-47 是广州的街拍，图中人物是在新大新格兰、苏珊品牌选购服装的爱美女性。乐于追求时尚，对自己的着装定位盲目，喜欢给自己的服装固定为某一个品牌，服装一般缺乏品位，但敢于向传统挑战。

高贵典雅型。这是从事文化、教育工作的知识女性的服饰风格定位。她们要选择能体现自身性格和魅力的式样，对待时尚非常理性，既不排斥也不追逐，选择适合自己风格的流行元素，使自己的服饰富有时代感。在色彩与样式的搭配上，不标新立异也不因循守旧，以自己独到的审美眼光为准，和谐地搭配组合身上的各种服饰，展现个性风采。与上面的古典高贵性近似，但可能会对陈旧的服装式样进行一点翻新改造，会为色彩进行一点必要的装饰，但这种改造和装饰不会破坏原式样的美感，相反只会为原式样增添亮丽，会为原式样创造出一种更加辉煌的效果。她们注重内衣的整形作用，很看重身材的健美，服饰忌讳落入俗套，体现较高的文化艺术修养(如图 6-48 所示)。

高尚职业型。这是从事行政管理、文化教育工作中，有文化素养的女性的风格定位。她们所选的服装讲究品牌与档次，衣服质料要选择厚质感，偏好上下装统一的套装风格，在意工作环境对着装的要求，服装讲究审美品位，喜欢从事实物性和活动性的工作，个性不张扬、却有魅力。图6-49中的女性是广东的一位知名企业家，广州市人大代表。这种类型的人，服饰品位很好，无论在休闲装或者上班装方面都很擅长，但是在打扮时，尽可能表现出女性特有的味道，尽可能于锐利中显现出女人味。

图6-50

2. 讲究穿着方式

21世纪的服饰，已进入了感性化的时代，对服饰的评价，称赞女性的美，已经不用“时髦”“新潮”之类的词语了，而是用有品位、有风格、不俗、典雅、有个性、有创意、很不错等。但服装的款式和以往总有雷同，这是服装变化的规律，短、窄、简单过后，就是各种长、宽、手段不一的装饰直到过剩，这样周而复始循环往复，形成不同的流行周期。这么多年来，人们想到的，前人也尝试过。现在我们真能创造出的一种全新的样式，前人没穿过的服装也只能在时装舞台上表演，让人们欣赏，突出设计师的创意能力。图6-50中的服饰，倘若穿上大街，别人一定会误以为他疯了。现在人们要让自己的服饰出品位、有个性、不俗、有创意，通过穿着方式的变化、艺术的搭配来表现。年纪大的人服装的数量多，比年轻人的服装质料高档，为搭配创造了更有利的条件。

着装方式发展到今天有传统的、现代的、中式的、西式的，对于用心打扮的女性来说，依照自己的喜好，尝试穿着方式的变化是一种享受。以下介绍服饰穿着的几种方式：

（1）外套不扣法

过去西服能够在世界范围内得到人们的青睐，它的随性

图 6–51

图 6–52

图 6–53

不扣、洒脱知性，就是它的魅力所在。但其他的服装必须规规矩矩的把扣子扣好，否则浑身不自在，像犯了错误似的。现在这一习惯已被人们打破，不只是男衬衫能将扣子打开，有时女衫也可打开至第二颗扣子来表现性感。一些外套也可以敞开（如图 6–51 所示），将里面的配件露出，似乎是思想意识开放的一种外在表现，一改过去封闭保守的意识，显示出洒脱不羁、勇于表现的新风貌。这种穿法，注重内外装、上下装色彩的呼应，营造轻松气氛，不过要忌讳花色太多给人眼花缭乱的感觉，否则容易弄巧成拙，宁可不开放，一求简洁朴素的美。

（2）叠装法

叠装的方式有两种，一种是两件完全不同的衣服套装（如图 6–52 所示），衬衣的外面套件毛衣，或是在高领上衣的外面再套一件翻领的大外套，2016 年特别流行这样的着装方式。另一种是两件同样的衣服套着穿（如图 6–53 所示），这种穿着是故意让里面的衣服隐约露出，或是露出一大截，来造成搭配的趣味。

这种叠装法，与功能性的两件衣服叠着穿，概念不一样。功能性叠穿法是出于保暖的需要，而现在的叠穿法，目的在于露出的衣服，具有点缀作用，成为另一件的配饰。就像领口露出的白色的项链，如果露出部分有颜色的话，那其他配饰就要与露出的颜色呼应，或相同，或对比。图 6–52

中灰色的毛衣里面白色的衬衣，露出领子、袖口、下摆，因此不用用太多的配饰去抢它的风采。这种着装方式成熟女性可以尝试，十七世纪的巴洛克风就有这种衬衣的装饰特点，以衬衣衬裤的花边为装饰特点。有一种随意和洒脱的气息，透着年轻和活力。

图 6–54

（3）领子变化

领子在服装美中，起到“提纲挈领”的作用，占有重要的美学位子。领子最容易表现着装者的气质和风格，它有许多穿法。这里所说的立起领子，不是指立领，而是将衬衫、外套的领子立起。如将扣子打开，将领子立起来，或一边不立一边立的不对称穿法。现在出现一种将传统西服领倒过来铺平的款型，就是从领子的有知性变化中获取灵感设计的，不少前卫的服装设计师都将这种穿法表现在设计中。有时在立起的领子上戴一串项链，或是别上一枚胸针，可以表现知性女人的品位，也可将扣子完全扣起，然后立起领子（如图 6–54 所示）。

图 6–55

最典型的是风衣、大衣的领子变化，由于各种式样大同小异，如果不在领子上发生点变化，会让人感觉平庸。也可以在风衣、大衣立起的领子外面再围上一条围巾，增加几分儒雅，有时也可将领子放下，关键在于让服装表现个性美。

（4）卷起法

卷起法早在 20 世纪初期英国就出现了。起因由功能性引起，因为英国伦敦是个雾都，下雨天多，走在泥泞的路上很容易把裤子弄脏，因而男士出门都要把裤边卷起，无意间传到世界各地引起流行。

这种穿法将袖口或裤口卷起（如图 6–55 所示），卷起袖口是 2016 年热播剧《太阳的后裔》中主角的着装特点。

图 6–56

图 6-57

图 6-58

图 6-59

图 6-60

这种装扮要注意手部的表现，使手腕有丰富的装饰，考虑戴手镯、手表，单纯的卷起袖口不一定有魅力。当然有时还要考虑场合是否适合，如果在谈判桌上卷起袖子就大煞风景。随意卷起裤边，这种着装方式是 2016 年休闲装设计的一个热点（如图 6-56 所示），显出着装者的活力和一种休闲的情调。卷起长裤裤边时，要注意鞋、袜的颜色是否和裤子协调，而卷起短裤裤边时，要注意上衣的色彩是否协调，在卷起的部位设计师作了安排，在里料颜色的搭配效果和正面设计是不一样的。鞋子也要能够和整体搭配一致。卷起裤边的穿法当下正盛行，将牛仔短裤的裤边卷起。虽然这种方法大部分在年轻人中流行，成熟女性不妨试试。图 6-57 中短裤裤边卷起打破传统方式，恰到好处增添魅力，具有时尚感、年轻感。

（5）多变法

同是一件黑色筒裙（如图 6-58 所示），配不同色彩、风味的围巾，可以表现多种着装效果，展示着装者的风采。时下网络传出围巾多种不同系结法，成为当今人们着装的一个流行方式。

服装美不在于钱的多少，利用不同的着装方式、艺术的搭配，也可以创造出符合着装者的个性服饰美来。考虑到搭配的随意性，在选购服装的款式时流行痕迹重的慎选，饰品配件则可多备一些，如精致时尚的内衣、

图 6-61

图 6-62

图 6-63

不同颜色和质地的背心，颜色各异的小外套，不同色调的毛衣，不同风味的披肩等。一般服装素色配色彩鲜艳的围巾（如图 6-59 所示）可以打破着装的沉闷，而艳色的外套配以深色的围巾（如图 6-60 所示）可实现和谐统一的美感。

（6）破衡法

黄金分割是人们对物体的视觉习惯，忌讳平分秋色，设计不同的块面习惯上大下小，下大上小，或者上短下长，下长上短韵律的变化。在服装的造型上同样遵循这一规律。年纪大的女性着装方式中，这种方法很值得提倡。年纪大的人上装习惯肥大，它能遮盖发福的身躯，下面的裤子相应缩小，减少人体的臃肿感觉，增加时尚活力，对于体形偏胖的人来说它有瘦身的效果。服装上短下长、上宽下窄（如图 6-61 所示），把上了年纪的人的肥硕感遮住了，人就显瘦。如果上下平分秋色即衣短裤子也短（如图 6-62 所示），对于上了年纪的人表现不出长者特有的气场。下装换上长裤，或者上装换上过臀部的长衣，打破平衡才是理想的着装。同样上身衣长下身裙也长，呈现的是拖沓的视觉效果（如图 6-63 所示）。个子偏矮的女性这种选择更不可取，换上紧身裤配靴子人会精神很多。

露肩的着装方式（如图 6-64 所示），是现代破衡的表现形式，也是

图 6-64

2016 年流行的打破传统的着装方式。

3. 学会扬长避短

提高服饰形象，突出个性、表现个体独特的服饰品味，第一步必须认识自我、了解自我。

认识自我要从两个方面着手。一是了解自我的外形特点即生理形象，包括容貌、身材；二是了解心理特点即心理形象，包括性格、爱好、情趣等。

（1）选对发型

图 6-65

发型是影响容貌的重要因素，提高颜值从选择发型开始。容貌标致选择发型的范围更广。长脸形的人可以选择有刘海的发型，前额不饱满需要卷曲的刘海加以装饰，身材高瘦的人发型要求生动饱满，适宜留长发和直发，使头发显得厚实、有分量。活泼开朗性格的人，为充分体现性格特征可选择新颖俏丽的发式会更好；如果觉得性格过于活泼想添几分文静，梳理成线条柔和、圆润，造型比较自然的发式会更好。如果是个文静、性格内向的人，应以文丽、淡雅、柔美的风格来达到和性格、气质的统一。图 6-65、6-66 这两张图是同一个人，由于发式不同，表现出来的状态气质都不一样。

图 6-66

值得关注的是年轻人对发型变化兴趣盎然，年纪大的女性更需要打破传统观念，讲究朝气、富有生机，首选典雅、富贵、更显年轻的发型。以能够修饰脸形提高颜值作为最终确定发型的标

图 6-67

图 6-68

图 6-69

准，不要以传统的中老年发型束缚自己。

（2）修饰身材

身材的特点是选择服装款式的依据。女性的体形，大致上可以分为下列五种：

高而修长的体形。高而修长是当今潮流最为理想的体形，只要高得不过分，几乎像衣架子一样，穿上什么衣服都好看（如图 6-67 所示）。不过忌讳由于太长而显得过于单薄。过高的身材在选择衣料时，可选些产生横向视错觉的花色，冲淡高的印象。

矮而不肥的体形。这种体形，亚洲女性较多，中国南方女性较普遍。图 6-68 中的身形最好不要用大的衣装，选瘦俏些的贴身样式，娇小玲珑别具风韵，以穿短外套为佳，花型、款式、结构以纵向为好。下装尽量向两端靠，露腿的在膝盖上部多点，长的在脚踝下面，起到拉长体形的视觉效果，忌讳下装多层分割，人会更矮。上装腰节提高、合体为妙。

肩狭臀宽的体形。这种体形宜穿西服，但不是紧身样式，服装以垫肩装饰为好。裙为狭式，宜较深的色彩。上装盖过臀部，下配紧式牛仔裤可显性感，但不要将上衣下摆系入裤腰内，上装过臀部是关键（如图 6-69 所示），以不抢眼刺目为宜。可穿腰节上提的连衣裙，韩式服装能够扬长

图 6–70

图 6–71

避短，掩饰宽大的臀部。

肥横的体形。这种体形不太矮，身体各部较均匀，不宜穿得太贴身，否则会像包粽子。着西装亦可，但不可加垫肩，不可用宽式腰带，而且不可束得过高，最好用细带子，图 6–70 的服饰以不用为佳。

肩宽臀细的体形。这类身材不适宜穿旗袍，宜穿宽身裙、袒胸连衣裙或是开领女恤衫。这类身形的女性胸部比较发达，用 T 恤衫可表现和夸张胸部，掩饰肩宽。宽松的外套，正是当下流行特点，也可以夸张臀部（如图 6–71 所示）。

根据体形特征选择扬长避短的服装，还要与所处的环境、职业、身份相符，这些是形成性格、气质的条件。年纪大的女性在家庭是长者，在单位是老同志，端庄、大方、典雅、含蓄是服装风格的基础。年轻的上班族，也不宜浓妆艳抹，应给人端庄、稳重的感觉来提高信任度、表现责任感。服务行业可打扮得开朗大方，热情活泼。若参加舞会，打扮得俏丽性感则能增强魅力。但如果去参加葬礼，服装的颜色要素最好着黑色，表示对死者的哀悼和对其家属的尊重。

季节是人们选择服装时确定色彩、面料、款式的依据，春、夏、秋、冬四季对服装的要求各不相同。冬天宜选择偏深的暖色服装，给人带来温暖的感觉。夏季则宜选择偏淡的冷色服装，偏淡的冷色有一种清新凉快的感觉。而春秋两季宜选择冷暖相间、深浅相间的服装色彩。

简而言之，在选择发型、服装、首饰时，首先从自身条件考虑，同时兼顾流行特点，能给自身增添美的效果就是正确的，切不可盲目模仿，防止弄巧成拙。

4. 形象自我测试

爱美的女性首先要给自己定好位。如果还不确定，不妨来做一下自我形象定位测试题。

(1)钟爱的颜色

a. 自然的民俗色调

b. 无彩色庄重系列

c. 单一朴素的颜色

d. 艳丽而温馨的色调

e. 明亮的对比色调

(2)喜欢的面料

a. 牛仔布天然纤维

b. 高贵绸缎毛料等

c. 混纺纤维毛制品

d. 柔软蕾丝镂空花

e. 不同材质组合

(3)喜欢的妆容类型

a. 自然天成素颜

b. 轻妆淡抹妆扮

c. 修饰遮掩妆扮

d. 可爱美丽妆扮

e. 立体动人妆扮

(4)喜爱的发型

a. 休闲型中短发

b. 梳理整洁庄重感

c. 卷曲而正统发型

d. 浪漫的波浪发型

e. 时尚流行的发型

(5)喜爱的时装款式

a. 休闲类

b. 高尚类

c. 职业类

d. 性感类

e. 浪漫类

（6）自我形象定位

a. 纯朴自然型

b. 职业高尚型

c. 高贵典雅型

d. 浪漫性感型

e. 运动健康型

（7）平常穿着的服装

a. 休闲服装

b. 西式套装

c. 随意搭配

d. 短衣宽裙

e. 个性组合

（8）正式场合的着装有

a. 不同材质混搭

b. 华丽贵气洋装

c. 定做个性时装

d. 休闲风格西装

e. 浪漫性感组合

（9）喜欢的装饰品有

a. 民俗风格饰品

b. 自制的针织品

c. 简单轻巧饰品

d. 贵重珠宝饰品

e. 大而独特饰品

（10）朋友评价形象定位

a. 精力充沛、平易近人

b. 文静庄重、富有主见

c. 优雅贵气、充满魅力

d. 活泼实在、诚实待人

e. 个性鲜明、独立霸气

（11）喜欢的随身小皮包有

a. 方便实用

b. 美观小巧

c. 经济实惠

d. 高档品牌

e. 时尚流行

（12）自我形象定位在

a. 我行我素型

b. 看重人品型

c. 能力超强型

d. 浪漫幻想型

e. 自我表现型

（13）感到快乐的时候

a. 野外休闲度假时

b. 分享别人快乐时

c. 自我价值肯定时

d. 朋友聚会交流时

e. 家人夸奖得意时

(14) 生活追求目标

a. 尽情享受生活乐趣

b. 脚踏实地做好工作

c. 步入仕途得到器重

d. 重视家人和照顾家庭

e. 出人头地看重名利

(15) 最想尝试的职业

a. 文艺表演

b. 办公文秘

c. 教师管理

d. 推销货物

e. 创造设计

自我形象属于哪一类型？前面提到的各种服饰风格和不同服饰类型，在以下五种类型中反映：

A 最多——属于自然型；B 最多——属于优雅型；C 最多——属于高尚型；D 最多——属于浪漫型；E 最多——属于戏剧型。

这些只是一个大概的定向测试，而且概括不全，但把差异较大的提炼出来了，对认识自我有一定参考价值。了解自身外形及心理特征后，形象有个明确的定位，在选择服装风格、搭配装饰品时比较容易达到和谐统一，在当代的流行浪潮中不会迷失方向，更能穿出个性和品位。

当代服饰美的艺术表现

1. 女鞋的分类与服饰搭配

女鞋种类各异，千奇百怪，可以从鞋的风格、功能、穿着的场合等多方面进行划分，目前从商品端发布的女鞋风格属性有 15 种之多，为了便于研究概括为：甜美、欧美、OL、休闲四大类。

（1）日韩甜美风格

日韩甜美风格包括了日本韩国等具有少女甜美感的鞋子风格，装饰细节通常有流苏、蝴蝶结、水钻、花朵、裸色、串珠、波点、糖果色等。日系、韩版鞋和欧美风格的鞋有许多交叉，除了上述特点外，还有铆钉、雪纺、松糕、金粉等装饰特点。

温馨柔和、清纯可爱、青春活力的装束，都应该属于甜美风。如表 6–1 所示：

表 6–1

风格特点	鞋靴风格	搭配服装
温馨柔和		
清纯可爱		
青春活力		

（2）欧美潮流风格

指模仿欧美款式的潮鞋。常见的复古、怀旧、英伦、朋克、潮流、性感、中性等风格的鞋都属于这一类，细节上有金属、拼接、撞色、荧光、松糕、罗马、动物纹、亮片等。其中英伦风格以自然、优雅、含蓄、高贵为特点，源自英国维多利亚时期的贵族，运用苏格兰格子、良好的剪裁以及简洁修身的设计（如图 6–72 所示），体现绅士风度与贵族气质，个别带有欧洲学院风的味道，主要标志是牛津鞋，常见品牌有 Ochirly（欧时力）、ZARA、Levi’s(李维斯)、VIEWAKEN（维肯）等；朋克风格鞋靴金属质感强，夸张具有机车动感，常见细节为镶嵌铆钉，有骷髅头等重金属；性感风格，常见有超高超细鞋跟，动物纹材质、镂空工艺、蕾丝装饰等，穿上后比较性感；中性风是无显著

图 6–72

性别特征的鞋子，男女都可以穿，常见款式细节为系带、尖头，与甜美、优雅、简约风格交叉。

总之，欧美潮流风格主要突出重金属朋克风与英伦风，体现欧美品牌复古的意境。常见欧美风与鞋服饰搭配如表 6–2 所示：

表 6–2

常见风格	鞋靴	饰品	整体风格
朋克休闲			
朋克性感			
朋克机车			
英伦中性			
英伦复古			

图 6–73

图 6–74a

图 6–74b

（3）OL 时尚风格

OL 时尚风格的鞋靴简约、优雅，是白领女性办公室穿着的首选鞋款，与甜美风格有一定的交叉重叠。常见细节：中高跟、平跟、金属饰扣、水钻等。其中又分为简约干练、端庄典雅、华丽高贵等风格，基本款为单色中高跟浅口鞋，年龄跨度较大，突出女性成熟稳重的特点。

（4）休闲舒适风格

女式休闲皮鞋是大多数女性必备的日常生活鞋。鞋楦多采用圆头、方圆头、大圆头，平底或坡跟以各种布类、牛皮搭配动物皮毛材料，帮面设计多以包子鞋、耳式设计搭配牛筋、橡胶等鞋底材质，突出鞋款的舒适性能。年轻年龄层的女性休闲皮鞋要适当添加流行元素设计，大众、成熟的女性层一般选择较为简洁、颜色单一的款式。在与服装搭配中，除正式场合外，休闲风格鞋款尤其黑、黄、棕、白等大众色可任意搭配日常生活服装，但高明度彩色鞋款搭配的服装一般要与上装或下装或背包、帽子等配饰颜色相呼应。

（5）皮靴、松糕女式皮鞋在服装搭配中的整体美体现

皮靴分为长筒靴、中筒靴和矮筒靴，适合与牛仔风格、小脚裤这类较

紧裤装的搭配，不宜与西裤、阔腿裤搭配。装饰较多且时髦的高筒靴适合个高腿长的女性。对于腿型好看者，短裙搭配中筒靴最为洒脱，而矮筒靴对成熟女性及职业女性尤为适合（如图 6–73 所示）。不论穿裙装还是裤装，矮筒（笔筒）靴都显得稳重成熟，而对年纪较大的成熟妇女更增添了几分活力，显得年轻有生机。

松糕女式皮鞋，是指鞋底像发糕一样厚的皮鞋，配上双肩吊带中式长裙，别有一番东方美人的味道。松糕女式皮鞋看上去较为厚重，许多女性之所以对它情有独钟，主要想拔高自己的物理长度。松糕皮鞋若搭配得当，可穿出别具一格的美感来，它与长裙或长裤搭配效果更佳。但身材娇小的人若穿上厚底松糕皮鞋，会使原来的玲珑、纤巧、细弱的美感荡然无存，把自己不理想的身材更加夸张地展示在众人面前，而身材本来就高大的女性在日常生活中，则不宜选择厚底松糕皮鞋搭配日常服饰。

皮鞋靴产品具有不同风格的分类，在穿鞋时需要考虑与之相搭配的服饰，在色彩、款式、风格上讲究协调统一，才能表现服饰的整体美，展现着装者的服饰文明修养。尤其是女装，即便是撞衫，搭配不同的皮鞋款式也可表现不一样的美感。例如，一套黑色的晚礼服配上红色的皮鞋与大红的唇膏相呼应，与穿上其他色彩的皮鞋效果截然不同，展现给人们的是一个俏丽性感的形象。又如穿上一套花哨的服装，脚下就不宜再穿一双与其服装色彩不同的皮鞋款，会给人眼花缭乱的感觉，应搭配一双与上装服饰图案中色彩使用面积较大颜色的皮鞋款式，对整体形象起到协调统一的作用，以展示着装者较高的服饰品味（如图 6–74a、6–74b 所示）。服饰之美是一种整体的美。鞋从护脚保暖最原始的功能上延伸到了表现人的性别、民族特色、艺术风格、服饰品位等精神文化层面，鞋在服饰审美中的地位上升到一个崭新的高度。

2. 都市女性鞋的实用艺术价值

鞋已经成为服饰整体美不可或缺的部分。人们选择鞋不但要考虑到适应自然气候的变化，更要考虑适应不同服装的艺术搭配，即美的需求，满足人们展示服饰审美修养的欲望。当代的都市成熟女性与传统的女性在生活态度上有着很多的不同，对鞋的要求也不一样。它与其他年龄段人的鞋又有一定的区别，主要体现为以下两点：

（1）都市成熟女性的鞋与身体素质有关系

人的身体素质是指人体在运动、劳动和日常活动中，受中枢神经调节的各器官系统功能的综合表现，譬如耐力、速度、灵敏、柔韧、总体的力量等机体能力。身体素质的强弱，往往是衡量一个人体质状况的重要标志之一。通常人体全身肌肉在人体重量中占一定的比例，体形曲线与肌肉的发达度和质量又密切相关。由于机体抵抗力随着年龄的增加而逐渐下降，心血管弹力纤维随年龄的增长而减少，血管的弹性降低，冠状动脉出现硬化，心肌血液的供应量相应减少，血压随体重指数的增大逐渐呈上升趋势。另外年龄的增加会导致人体脂肪的堆积，它是血压升高的因素之一。血液中胆固醇等物质的增多，会使血液黏稠度升高，使心脏加重负担。因此，人到中老年，特别是女性，身体运动受时间、空间的限制，新陈代谢变缓，多数人肌肉松弛，身体逐渐发胖，因而血压升高。此外有些女性随着年龄增加，脑力活动更加频繁，脑内合成多种神经递质的能力与年轻时相比明显下降，会出现动作不协调、行动不稳、思维迟钝、记忆力减弱等多种症状。与年轻人相比行走时对鞋的把控能力下降，对鞋的稳定度舒适性要求更高。通常女性都爱穿高跟鞋，因为它是美化人体的杀手锏，但是很多年龄偏大的女性对高跟鞋一般望而生畏，受摔跤经历和骨折经历的影响，清理鞋柜时高跟鞋是首选对象，有的把鞋跟整低，有的送人，这些都是明智的选择。

（2）当代都市女性选鞋的心理特征

成熟女性身体素质特征决定了选鞋时与其他年龄段的人的区别。更突出舒适、稳健的功能，保证行走时不易摔跤，成为选鞋的首要标准。现在许多鞋商也了解了这一特点，推出了“大妈鞋”。穿着它们行走时稳固和价格低廉，但大部分“大妈鞋”设计放弃了时尚美观的考虑，这种设计理念比较落后，与时代的文明不够合拍。实际上中国当代成熟女性虽然在生理上无法抗拒自然规律，身体素质走向衰老、平衡能力差，但这些在改革开放中逐渐变老的新一代成熟女性，在生活观念上与老辈的中老年女性有质的区别。她们追求美的生活、美的形象的人生态度并没有随着年龄的增长而对鞋的美观要求发生改变，更希望自己优雅美丽的老去。这些都市女性在鞋的设计要求上，希望在美的基础上保持稳健舒适，对鞋的款型、面料、制作技巧的工艺水平要求更高了。选购鞋时，款式是否时尚美观，决定能否吸引自己的眼球，最后是否下决心掏腰包购买时，就看后面脚跟稳健、走路舒服与否了，常常是选了半天却失望而归。目前，中国的鞋市场为年纪大的人提供可选择的鞋很少。穿上舒服的鞋不好看，无法与服装搭配，能与时装搭配的鞋穿上不舒服，成为一部分成熟女性买鞋难的问题所在。在一些国际品牌鞋中有些鞋既能满足美观的要求，也能提供非常舒适的人体生理需要，就是价格不菲，在一些中小城市很难见到，更不要说走进平常人家。怎样在国内中等消费水平的层次上，开发这样的产品，也让爱美的成熟女性穿上这样的鞋，这是中国的鞋类设计师面临的重要使命。

3. 都市成熟女性选择鞋的标准

据世界卫生组织（WHO）相关报道，人一生大概要走 402 000 公里，相当于绕地球赤道 5 周，为了走更长远的路，选双好走路的鞋绝对重要。都市成熟女性，在保证身体舒适的前提下，对鞋的要求也就更高。

◎主要是要注意，鞋与女性的科学结合

（1）平底鞋无高度不好

平跟鞋一般认为是行走最安全舒适的鞋，其实这是个误区。完全平底的鞋不符合人体工学，脚踝肌腱（阿基里斯腱）在鞋子完全没有高度的情况下，反而会被拉紧，走路的时间长了易酸痛。平底鞋跟在 1 ~ 2 厘米的高度比较科学，这时的脚踝肌腱处于最舒适状态。

（2）鞋底软的位置合理

鞋底软比鞋底硬的鞋行走舒服，选鞋时底部能够弯曲比较好，但弯曲点要科学，它应该在整个鞋子的前 1/3 处，因为脚底后 2/3 是足底筋膜，如果鞋子后 2/3 过软，就无法提供对人体的足够支撑。鞋尖朝下弯压，不是要求整个鞋底随意弯曲，那样说明鞋底过软，外出时间长了会使大拇指骨处酸痛，通常鞋底柔软的鞋只能在室内走动（如图 6–75 所示）。

（3）鞋面真假皮的识别

在众多女鞋鞋款面料中，舒适的鞋料首选真皮，真皮主要是指牛皮、羊皮等动物皮。与其他材料相比，真皮柔软具延展性、透气不易发臭且软而耐用。但市场上很多中老年女鞋鞋款以假充真，用人造皮革冒充真皮，而准确识别牛皮、羊皮等动物皮时，需要掌握一定的技巧。可以用手指稍微撑开，真皮的毛细孔不甚平滑，人造皮再怎么用力撑都看不到毛孔，假皮纹看起来会很规则，这些是识别真假皮的基本技巧。

（4）鞋后护跟不要太软

鞋的后护跟必须有一定的硬度，才能提供脚跟及脚踝的支撑。用拇指和食指夹压后护跟，如果太软的后护跟支撑度不够，造成脚跟无法施力，走起路来脚容易酸痛且形成萝卜腿。

（5）鞋的后跟要有弹性

平常人们走路每跨出一步，脚底就要承受 0.7 ~ 1.5 倍的体重，然后反作用回冲到足踝关节、膝关节，同时还会影响到颈椎，甚至可能造成膝关节衰退、腰或肩颈酸痛。为了减缓脚底的冲击力，鞋底有弹性软底可以起到避震的作用。所以有些鞋底装有气垫，走起路来才舒服。中老年女性在选鞋时用手指按压鞋垫测试软度，要有弹性穿起来才舒服。

图 6–75

（6）鞋内侧最好有支撑

按压鞋子内侧中后方，看有没有加软垫或硬衬支撑。人走路时脚掌并非直踏，而是脚跟先着地后，稍微往内旋再回正，这时脚内侧需要更好的支撑，不然走久了小腿肌肉及前面的胫骨会酸痛。这是中老年女性选鞋时一个重要的观察点。

脚形不同，鞋不一样。人们选鞋很容易犯的一个错误是选鞋只看尺寸大小或只挑外形。实际上选了不合适的鞋对脚的伤害很大，外科医师指出要按照每个人脚型情况来挑选鞋，才能真正选到适合且无害身体健康的好鞋。一般来说，脚形除了正常型，还有没有足弓或足弓不明显的扁平足，以及足弓过高的高足弓，这些都是选择鞋是否舒服必须考虑的因素。所以常见同一双鞋不同的人穿效果不同，有的打脚，有的就不打脚，说明每个人的足型是不一样的。这对都市女性选鞋更显重要。怎样了解每个人的足型呢？测检方式很简单，在原地踏步数十下停下脚步后，让人帮忙从后方直视观察，如看到较多的是足部小拇指部分，说明重心在内，属于平足。如果从后方直视看到较多的是足部大拇指部分，则属于扁平足，表示重心靠外，多半属于高弓足。

（7）不同脚型，鞋有区别

除正常形外，中老年女性通常脚分高弓足和扁平足。扁平足的中老年女性，无论是完全没有足弓的“结构性”扁平足，还是只有微足弓的“功能性”扁平足，走路时内旋角度都过大，造成膝关节较松，腿部肌肉韧带相对要承受较大负荷，所以选择鞋垫时要较硬、底较薄的款式，才能提供足部较多稳定性，医师也不建议挑选较软的有气垫的。而高弓足的中老年女性通常没有内旋来减缓冲击力，走路会异常外旋，给膝关节造成较大压力，选鞋时应以软垫、弹性厚底为主，才能减缓冲击力量，加大行走的稳定系数。

（8）鞋前端的空间把握

成熟女性选鞋时要把握鞋前端的空间距离，当脚跟完全抵住鞋后跟后，以手指按压鞋前端，至少要有 1 ~ 1.5 厘米的距离，这是要预留前进时脚会往前移动的空间。留的空间太大，鞋不跟脚，走路时间长了很累不舒服，而小了脚更不舒服，像裹脚一样难受。

（9）脚宽与鞋宽度相适

成熟女性选鞋的宽度也是不可忽视的部分，鞋子的最宽处要刚好符合脚的最宽处。此外，脚背太低会不跟脚，行走时脚容易移位，不舒服也不利于足部健康。太紧也会不舒服，如果鞋子大小刚好，但因脚背过瘦，只要在前端加鞋垫就能很好地解决。踝关节处的鞋沿高度通常是打脚的因素，刚好才不易磨脚。这几个部位都是选鞋时不可忽视的观察点。

4. 都市女性使用鞋的科学方法

（1）穿上走走

通常买鞋在店内试穿，这个感觉往往是不可靠的。不少中老年女性都有鞋买回后实际上路出现很多问题的经历。所以鞋买回家后，穿着在家里活动半天，就会知道这鞋到底适不适合。

（2）科学穿鞋

鞋穿在脚上鞋带松紧度的把握很关键，科学的方法是将脚跟完全抵住鞋后跟，然后将鞋带拉起绑好，松紧度以舒适且脚在鞋内不易移位为原则。这样鞋才会完全保护、支撑中老年女性的足部，使其走起来较舒适健康，过紧过松都是不科学的。

（3）鞋的保养

不管什么季节，鞋都不要一穿到底，即不要只穿同样的一双鞋子，最好多双鞋换着穿，让鞋有足够的时间透气。鞋脱下后不要立刻放入鞋柜，先放在阴凉处透风，如果被雨淋湿受潮，也不要用吹风机吹干或暴晒于阳光下，避免皮革受损，可以塞些报纸阴干，然后涂上鞋油，补充鞋面流失的油分，也可以减少皮纹褶皱，有利于鞋的修整。

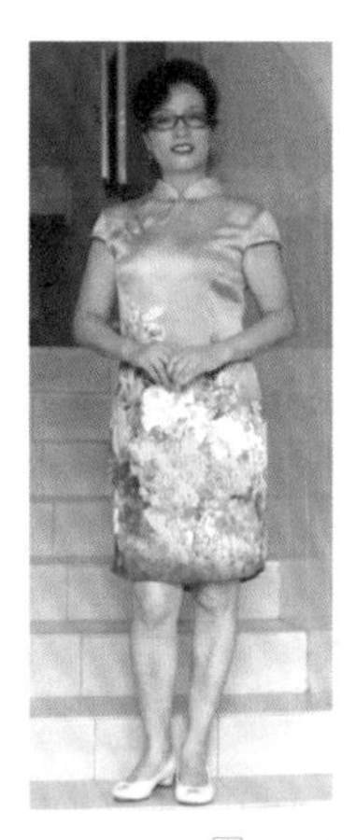
图 6-76

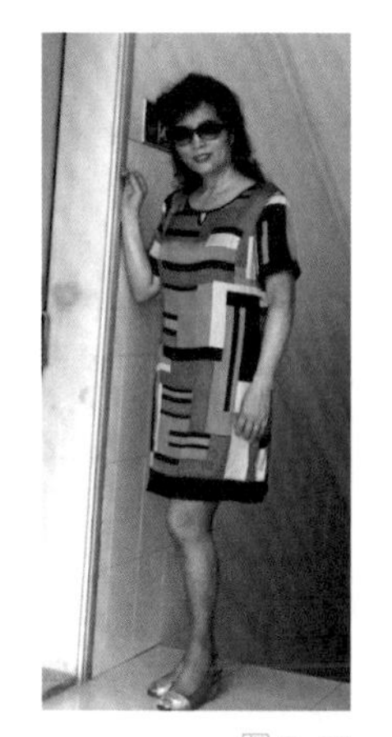
图 6-77

图 6-78

图 6-79

5. 鞋靴与人体结合的美学要求

服饰的美是一种整体的美。鞋从护脚保暖最原始的功能上，延伸到了表现人的性别、民族特色、艺术品位、服饰文化等精神层面，鞋在服饰审美中已经上升到一个新的高度。都市女性的鞋在满足舒适的同时，更要展示现代都市女性的服饰审美修养。不同的服装对鞋的外形特征要求是不一样的。

（1）礼服与鞋

年纪大的女性，参加儿女的婚事，同学聚会，上高档酒店出席宴会或者一些公益活动等正式场合，身穿礼服是很常见的事，鞋必须与衣服艺术搭配，方能表现长者的风度，体现当代中老年女性的服饰文化修养。如果身穿旗袍脚着一双“大妈鞋”，看上去就很滑稽。家中必备一双有跟的鞋，可以是中跟或者坡跟，无带，鞋头秀气，色彩中性，以黑白灰为主（如图 6-76 所示）。如果想要出彩，除鞋与服装风格一致以外，颜色的讲究很重要，能起到画龙点睛的作用（如图 6-77 所示）。图 6-78 中的鞋在色彩上与服装的主色调一致，看上去非常和谐，提升了整个人形象品味。相反如果只用黑白灰与服装相配，虽然不会出现大的视觉错误，但会有失艺术的视觉效果。图 6-79 是一套礼服，以黑色低调为主，脚上的鞋如果再用黑色就

图 6-80

会太沉重，有种压抑的感觉，配浅色鞋却能给人轻盈年轻的视觉感受。

（2）运动服与鞋

当代女性注重锻炼运动，保证身体健康，每年外出旅游是生活计划的重要内容之一，因此运动鞋在鞋柜里占的比例越来越大。运动鞋不仅要舒适，还要与常穿的运动衣的色彩相呼应，以协调美观为宜。运动时通常会挑选色彩比较艳丽的服装（如图 6–80 所示），这是当代成熟女性的特点，抛弃了“红到三十绿到老”的错误观念，给趋向衰老的身体添加活力。那么挑选运动鞋时，不仅要合适、舒服、跟脚，与运动服装色彩还要协调统一。譬如紫色的运动装最好与白色的运动鞋搭配，即和谐又干净，其他的颜色慎用，黑色太闷，灰色显脏。因为鞋在人体的比例中占的小，鞋与运动服的色彩可以应用补色对比，所谓补色就是在色环上 180 度的色差，如红与绿、蓝与橙色、紫与黄等是比较强烈的对比色，用得好特别出彩，用得不好给人刺眼、 很不舒服的感觉，面积的比例是关键。而鞋在人体中虽是很小的视觉部分，但在服饰整体美中却不可小视，成功和失败的着装都与鞋关系紧密，必须高度重视。

（3）休闲服与鞋

成熟女性虽然没有年轻时的天生丽质，但对于美的向往和追求是人的本能，没有年龄和性别界限。成熟女性与年少时相比，流行时尚的服装不多，但服装的品质要高，审美品位不能降低。休闲服装相对礼服而言与鞋的适应面更广。主要体现在风格一致，色彩协调，与运动服和礼服相比有其独特的个性。休闲服出入公共场所比较多，譬如超市、菜市场、医院、幼儿园、学校等，鞋与服装搭配到位，才能表现长者及家庭个人的文化修养。外出旅行体现的是一个民族、一个国家的文明程度，所以也要讲究艺术搭配。现在很多休闲鞋具有个性特点，长时间行走舒适、轻便，是成熟女性首选。图 6–81 是在广州的街拍，这位女士的鞋与服装搭配非常到位，主题色彩是蓝色，鞋的蓝色不仅与上装蓝色下裙花中的蓝色相呼应，包也是蓝色，主体色调统一，下裙虽然有花色，整体协调不凌乱，给人感觉很有文化内涵。图 6–82 也是街拍，两个中老年女性鞋的色彩突兀，非常不协调。

休闲鞋区别于礼服鞋与运动鞋。成熟女性在买鞋时一定要考虑身上常穿休闲服装的颜色，如果单色的服装较多，可以挑选与自己服装色彩相近的花鞋，有调节气氛、增加活力的视觉效果。平常喜欢穿花色的服装，鞋就选比较素雅的黑白灰鞋，这样容易与服装协调。如果要更多艺术搭配，看上去比较干净，就取服装上花色中的一种，但要取占比重较多的色彩，这样看上去更容易协调。

图 6–81

图 6–82

6. 旅游服饰功能与艺术的统一

旅游是现代人生活情趣的重要表现形式，也是一件令人赏心悦目的事情，通过“游”，开阔眼界享受大自然的美好，出国旅游更可以了解他国的风土人情、获取好的心境。旅游作为展示本国精神文明、经济实力、精神风貌的一个途径，其中旅游服饰是个重要的媒介。目前我国出境旅游的大多数是中老年人，尤其是先富起来的沿海地区的人们，他们有时间、有经济条件，但是他们对服饰艺术不够讲究，还残存中国传统文化影响，在海外的形象比较落后。在对我国旅游服饰的一项社会调研中，发现百分之九十以上的被调查者主要是广东地区中老年人，他们对出国旅游服装关注重点在轻便、舒服上，很少考虑自身在海外的整体形象。旅游服饰要实现功能性与艺术性的统一：

图6-83

（1）出国旅游服饰的文明内涵

随着中国物质生活水平的提高，出国旅游的人越来越多，所到国家的范围也越来越广。记得在十多年前，有个时尚电视栏目邀请了一位旅美华人做特邀嘉宾，她的一番话现在笔者都记忆犹新：“一个国家人民的服饰装扮，表现的是人的文化素质，走出国门代表的将是一个民族的尊严。”当时她对装扮艺术进行现身说法很有说服力，阐明服饰是人的文明程度的反映，也是一个民族文明水平和尊严的体现。当她出国看到同胞着衣出现问题时，宁可冒着对方不理解的窘境，也要及时向同胞提示纠正。可见出国旅游服饰的内涵与我们日常在家着装有很大的不同，体现了一个民族在世界的国际形象，也反映了一个国家的文明水平。

著名节目主持人杨澜的文章《形象永远走在能力的前面》，反映了她在国外由于不注意服饰装扮而遭遇的尴尬，她的这种经历，说明了在中国对服饰文明的淡漠传统，同时也了解服饰在文明发达国家的实际意义。中国在世界上曾经也是服饰文明大国，长安城内曾经云集慕名而来的“胡人”，日本和服、大韩民族服装及发式直到现在都有大唐的印迹，显示了昔日中华服饰文明对世界的影响。中国在计划经济时期物质贫乏，服饰文明落后，与世界距离拉大，改革开放后的今天，大都市基本实现了“食必常饱，然后求美；衣必常暖，然后求丽；居必常安，然后求乐”的物质条件。无论走出国门还是迎接朋友，服饰对礼仪之邦的呈现作用都不应该忽视。尤其是走出国门个体形象被放大，成为国家民族形象的具体再现，而服饰是一种传达个体众多信息的媒介，充分体现了文明内涵。图6-83是中国女性在英国剑桥大学参观，其服饰传达了当代中国女性的着装品位，反映了国家的强大。

（2）旅游服饰的特殊性

所谓旅游服饰，主要特指运动强度大的户外极限旅游服装，通常针对极少数专业极限运动爱好者。广义上旅游服饰泛指旅游者穿着的与旅游活动相适应的服饰，本节研究的旅游服饰主要在这个范畴。旅游服饰与正常的工作休闲服饰相比较有几个具体特点：

◎空间限制的特点

家用衣柜容纳量相对较大，可以收藏自己喜好的服饰，平时根据服饰搭配需求在其中任意挑选。外出旅行常用的是旅行箱、双肩包，这些容器的收纳空间有限，携带的服饰必须认真挑选，尽量理出所带服饰之间的功能性与艺术性的搭配关联，做到一物多用，能不带的尽量不带，选择不可缺少、不可替代的衣物。

◎重量限制的特点

外出旅行少不了乘坐现代交通工具：飞机、火车、轮船、汽车，特别是出国旅行，飞机常常是首选，对携带行李的重量是有严格规定的，所以物品的重量与数量的关系是不可忽视的问题。衣物满足气候变化所需，同等需求的物品考虑面料本身的比重，尽量能够在同等数量的前提下选择比重轻的衣物，如夏天用薄棉细布或者真丝。

◎旅行地限制特点

外出旅行的服饰在空间重量的限制前提下，还要考虑旅行目的地的环境特点。去著名城市和名胜古迹旅游由于交通方便、服务齐全，旅游者尽可能选择轻便、适合城市环境风格的服饰，普通的休闲服和平跟鞋都可以；去郊外、山区或海滨等自然景观游玩，对旅游服饰的功能性的要求就比较高，以运动装为主，注重鞋的轻便、弹性减震、防滑，选择脚不受创伤较能起保护作用的鞋，同时便于登高，省力又安全。

◎旅游服面料限制特点

旅游外出时运动量大，服装成为适应环境的第二皮肤，与居家服装相比这一功能突显，应具有通风好、吸热少、吸水性强、耐脏、易洗、保暖、易干等特点。在准备旅游外出服装时，尽量把这些因素考虑进去，减少因

图6—84

图6—85

图6—86

在旅途中出现不便，再耗费资金重复购置已有的衣物的情况，一来加大行李体积及重量，二来避免不必要的开销。

（3）旅游服饰的艺术协调

◎风格统一

准备旅游服饰的前期，根据旅游目的地及行程路线图，了解当地环境特点是出行前必备的攻略。服装从上到下、从里到外，在风格特点上要统一，才能展示较好的服饰形象。例如，在春夏交替的季节去英国旅行，主要去领略伦敦大都市及周边文明古城的风采，以适合城市环境风格的服装为基调，上装与下装、内衣与外套色彩应相统一。图 6–84 中红色西服为外套，下着黑色西裤，保温层以红色外套的邻近色相配，丝巾与保温层的毛衣协调，搭配低跟休闲浅口鞋；图 6–85 中红色西服即可适应西服风格，也可以与旗袍搭配，这两套服装无论在剑桥大学还是在伦敦的大街上，不失为一道靓丽的风景线，引来不少友好、赞赏的目光；在逛街的同时，也传达出中国游客的品位，使旅游者能够融入当地的风景，这样不仅领略了当地的文化，更成为一个与环境交融、装点环境的深度旅行者。即便在街边广场的咖啡馆小坐（如图 6–86 所示），也会赢得他人的赞美和欣赏。搭配大忌：在大都市，身着中国的旗袍脚蹬运动鞋，两者风格相悖，会产生滑稽的窘态，与旗袍搭配的鞋必须是无带浅口鞋；如果在海滨浴场，以上的服装都不适

图 6—87

图 6—88

图 6—89

图 6—90

合，只有穿上印有热带风情图案的沙滩服或 T 恤，下着宽脚棉质裤或大摆裙,海风吹拂下裤脚或裙裾与头发一起飘动,让人产生十分飘逸的视觉享受;任何时候不能上穿西服下着运动裤，无论在哪种场合都不伦不类。

◎色彩和谐

服装在风格统一的基础上，注重色彩的搭配显得格外重要。现在的年轻人在改革开放的环境中长大，服饰环境对他们的影响颇多，服饰色彩搭配基本没有太大问题。但是中老年人从中国落后的服饰环境中走过来，对色彩的感知能力相对较差，通常两极分化明显，要么受传统封建服饰文化影响，以深色为主，不敢问津亮色或花色。要么受时代的感染，让自己逐渐衰老的身体在服饰的包装下看起来年轻点，但缺乏色彩知识，往往弄巧成拙，虽然用了亮色但给人刺眼不舒服的感觉，主要问题出在色彩的搭配上。通常外出旅游服装分为内衣或打底衫以及外衣、鞋、帽。如果不懂色彩搭配知识又希望避免色彩搭配上犯错误，用同类色或邻近色比较保险，图 6-87 中红色西服与紫红下裙搭配。所谓同类色简单理解就是相近的颜色，如绿色的同类色可以是偏绿的黄色或偏绿的蓝色，图 6-88 中下裙绿色与上装 T 恤中的绿黄接近，其他的色彩可以以此类推，使人产生视觉反感。若想要表现冲击力强的视觉美感，通过内、外服装及上装与下装色彩对比的手法效果会很突出。内衣（相对外套而言的衣服）用黑白灰适合百搭，与外衣的色彩易于协调（如图 6–89 中所示），年纪大的中老年女性，外衣尽量选择靓丽的色彩，在大自然中显得更为精神。如果外衣色彩单调深沉，内衣色彩搭配要尽量鲜艳夺目还可以加上条纹图案，这样的搭配给人年轻向上活力四射的感觉（如图 6–90 所示）。

◎功能兼顾

现在国外发展出一套“三层理论”的户外服装体系，根据这种理论，在出行的不同季节自行增减搭配，可以应付不同的气候类型，其功能表现突出。通常由排汗层即内层（Wicking Layer/Base Layer）、保温层即保暖层（Insulation Layer）和外套即阻绝层（Shell/Outer Layer）组成。外出旅行季节不同，不一定都需要这三层。冷了加一层，热了就减一层。每次出行之前，根据旅行目的地的天气情况自由搭配。

阴绝层

这一层的材料要求防风最好能够防水，在冬天这些功能尤其重要，可以防止在外旅行碰到刮风下雨的天气危害身体。外套可以依据目的地季节、气候确定选用西服、风衣还是轻薄的羽绒外衣，在考虑功能的同时不能忘记与内层色彩协调，注意功能与色彩和谐统一，图 6–85 中西服外套与旗袍能够统一。

保温层

这一层夏天可以去掉，其他季节材料选择多种多样，如羽绒、羊毛以及各种人造材料做的抓绒衣。通常选用羊绒比较好，保暖、质量轻、便于携带。近年来抓绒衫 (Fleece) 越来越流行。它的保暖性能很好，干得比较快。既可以当保温层也能兼顾外套的功能，另外，好的抓绒衫比较轻，具有一点防水效果而且透气。传统的抓毛绒防风性不太好，风大时就不能当作外套穿。新型的虽然不能防水，但防风性能很好，比一般的抓绒衫要强很多，现在也有一些兼具防风、防水功能的。图 6–84 中的毛衣既保温又可以外穿。

排汗层

在外出旅行时，科学挑选内衣是不可忽视的一个内容。内衣的材质很值得考究，在户外运动中，尤其在温差大的地方，纯棉制品属于禁忌。棉吸水性强，但干得慢。当身体剧烈活动出了一身汗以后，一冷下来很可能受凉。尤其在高寒地区或湿度大的地方，棉内衣可能成为身体的杀手。特殊功能性内衣比如有速干性能的可以选择。图 6–89、6–87 中内衣同是丝光羊毛，作为排汗性强、容易干的材料最适宜。另外，内衣的领型不要影响与外衣的协调，通常外有领内无领或外无领内有领，色彩与外衣相呼应，使功能性与艺术性相结合。

对于旅游着装，如何挑选服饰是一个值得重视的问题，在考虑旅游服饰实用功能的同时，能够兼顾风格、色彩的和谐统一，穿出品味穿出时尚，会给旅行生活带来更多情趣。当旅行者在异国他乡，造型协调引来路人的注视，民族自豪感会油然而生，服饰的功能性与艺术性的和谐统一是关键。

CHAPTER 7

第七篇 女性服饰彰显城市文明

改革开放后，中国城市环境与服饰文明以前所未有的速度提升，“中国大城市的美女就是空降到法国，一点都不逊色”，这在四十年前很难做到的，如今却可以了，说明经济发展改变城市环境与提升女性形象成正比关系。本篇以发达城市为例，对女性服饰与城市文明的关系进行探讨，帮助不够重视自身形象的都市女性找到改变自身的理论依据。

一

城市环境与女性形象

中国进入 21 世纪以后，城市建设进入了历史上最辉煌的时期。20 世纪末内地人去香港，对香港的城市环境由衷地感叹“美丽、现代、干净”，对香港人的高品位服饰、文明行为留下了深刻印象。那时内地人在香港不用开口说话，从服装上就能识别出来。现在内地哪个城市与香港对比都差距无几，一线城市环境变化超过了香港。比如广州（如图 7–1 所示），经过亚运会的洗礼，城市环境有了很大的改观，特别是从获得“中国人居环境示范奖”、联合国“改善人居环境最佳示范奖”等称号开始，广州城市经济建设和环境保护进入了协调发展的新阶段。广州大道、临江大道是城市的主要风景线，原来树木生长茂盛却有绿无景，改造后，把树木抽疏，使景观豁然开朗；用小山坡营造“微地形”，使视觉变化丰富；高地错落的植物，营造出绚丽的层次；城中的花卉四季盛开，实现了“花开不败”的一年景特色；绿化带中增加了弯弯曲曲的园路，行至其中，一花一石都颇具岭南园林的风格。

图 7–1

图 7-2

图 7-3

图 7-4

图 7-5

让人刮目相看的是城市的空气、水质，与以前的灰蒙蒙、尘土弥漫的广州相比，现在，天变蓝了空气清新多了，正在向“一湾清水绿，两岸荔枝红”迈进，每年在河涌举行游泳大赛、划龙舟，展现在世人面前的是生机盎然的岭南风韵。

广州城市建筑的变化，给人的印象更加深刻。十年前，83 层的中信广场是广州最著名的高楼，现在西塔、小蛮腰，一个比一个高耸在羊城。还有珠江新城，从前是农村、荒地、草丛、河涌，如今华丽转身，新建的广东博物馆、广州歌剧院、广州图书馆、花城大道、海心沙，美不胜收，新建的高楼大厦使整个珠江新城充满了现代都市的气息。亚运会在广州举行，给很多体育场馆披上了新装，为广州人民提供了更多锻炼身体的场地，为广州城市文明发展创造了更有利的物质条件。

广州还是全国最大的服饰生产批发基地，城市环境变化走在全国的前面，与北京、上海齐名，女性形象的文明指数也应该在全国的前列，特别是中老年女性的外在形象、精神面貌，是家庭、社会文明的重要指数。但近期在网上有广东女子形象落后，特别是上了年纪的女性，衣着打扮与城市环境不协调的说法。下面有两组广州与上海的街拍，图 7-2 至图 7-5 是广州街拍，无论在服饰搭配与色彩的协调上都与广州这个大都市不够匹配，与新一代的广东人和优秀的广东女性服饰落差较大，但这些人占的比例很

图 7—6

图 7—7

图 7—8

图 7—9

大。下面一组是上海的街拍，也是很有代表性。图 7–6 至 7–9 有逛街的老人、在公交车上的女性、在街上行走的老人、逛商场的市民，图 7–9 是个 70 多岁的上海老人，夏天出门，从时尚的太阳镜到鞋、首饰都体现了整体搭配，图 7–6 中右边的穿浅蓝羽绒衣的上海老太太，上装是亮丽的浅蓝色羽绒衣，领子以黄色成补色对比，但由于面积比例到位，在银发的衬托下人更显得精神，她的围巾也是黄色，为了避免色块的比例增大给人刺眼的感觉，她把围巾放进衣里，下装以灰色裤子缓和了上装的艳丽，使整体和谐，穿出了格调。左一的同伴，上身是明快的驼色，下装是深色的裤子，以红色的围巾打破素色，红色的鞋与围巾呼应，两个人虽然都上了年纪，但走在上海的街上也不失为一道风景线，与整个大上海的城市环境相匹配。图 7–8 在公交车上穿绿套装的中年女性，手提米黄包与鞋色呼应，米黄与绿色是临近色，和谐不刺眼，表现了较高的服饰修养。图 7–7 中三个不同年龄的女性，服饰色彩里外搭配都注意了协调关系，内艳外素，外艳内素。图 7–10 至 7–13 是英国和法国的街拍，老人的服饰往往更能衡量一个国家和城市的文明程度。欧洲年纪大的女性大部分身体很胖，但在服饰上一点都不怠慢，面料高档、色彩明快，老人比年轻人更喜欢佩戴首饰，也注重

图 7—10

图 7—11

图 7—12

图 7—13

搭配艺术，整体美表现突出。长者的风度让人肃然起敬，与富有历史文化的城市相匹配。进行比较后，从女性服饰文明的普遍性角度相论广州明显落后。

二

社会意识与女性形象

为什么广东与上海女性服饰存在这么大差距呢？经过深入调研，发现广东对女性审美评价的传统标准，还残留了许多落后的岭南女性文化。过去社会普遍认为女人属于家庭，家庭是女人的全部，女人的价值只在这个圈里，她们的认知、处事、行为及对生活态度的选择等等，在男人眼里总是有限的，这对女人本身的存在有许多限制。在中国社会几千年的发展中这种思想一直延续下来，渗透在每一位老一代中国人的认识里。而广东地区的客家人尤其严重，甚至将已婚妇女注重外形美化与伤风败俗挂钩，不注重外形美反而冠以优秀品德，这些封建残余影响着广东地区的女性。下面是广东人对女性审美评价的调研。

第一是对潮州女性的评价：温顺顾家是潮州女性的特点。潮州人在上千年的历史中很少混入本地区外的百越血统。在强力的男权下，潮州女性无比温顺，是一种弱势的优雅，男人们都喜欢女人的这种优雅，在广东地区普遍认为男人能娶到正宗潮州地区（中国为数不多保持优秀历史传统和富有深度的城市）的女人，那是他前世修来的福气。在某种意义上，这种优雅成为女人美丽的诠释，温顺成为衡量女性美丽的标准。

第二是对梅州女人的评价：相对潮州女人来评价梅州的女性，强悍、泼辣的作风是梅州女性的特点，温柔的指数明显较低。梅州女人具有“自立、自强”的风格，她们总是很认真——对什么事情都很认真，她们是中国最认真的女人之一，举止大方、善持家、忠于家庭。缺点是好胜心较强乃至有虚伪之嫌，美丽指数居广东第二；如果男人能娶到正宗梅州城区的女孩，也是一大幸事，认为是今生修来的福气。“认真”成为衡量女人美的标准。

第三是对广州女性的评价：广州地区的女人充满着文明最高阶段的气息——平民化。缺点是常常过于以自我为中心，低调、孤独、无意喧哗，总是与陌生人保持很远的距离，有种冷漠感。与广东其他地区相比对老人的尊重和对家庭照顾不够，是广东男人认为不美的标准，

第四是对粤西地区女性的评价：粤西地区——中国最传统的女人。粤西的语言很复杂，血缘上含有较多的百越基因，粤西女人相比广东其他地区更无地位，也就是说更为传统——一种压抑的传统，她们似乎是中国女性中最沉默的一群，就是广东人也很少听到她们的声音，无论如何，“无为”总比“恶为”好，再怎样，她们也是广东女性中的一员，传统和爱家是她们固有的特性，爱家是评价她们美丽的尺度。

第五是对粤北地区女性的评价：粤北地区——中国最低调的女人。粤北女人来自广东最冷的地方——很少下雪，曾为广东重工业中心。高山苦岭造就粤北女人沉默和坚韧的性格，以及不太自信的自我评判。来自中原的客家人和被迫迁居此地的畲、瑶民族混居一方，血统在混合，表象在改变，成为粤北女人有别于梅州女人的原因所在。无论如何，客家的血统占据着粤北女性的绝大部分，优良的基因使她们拥有梅州女性的大部分特征。她们总是与陌生人保持很远的距离，很少外出。她们皮肤一般较差，面孔带有较为明显的东南亚特征，传统和爱家是她们固有的特性，仍然以梅州女性为衡量标准。

第六是对深圳女性的评价：广东人评价来自全国各地的深圳女人，是没女人味的女人。她们很有礼貌，虽然绝大多数时候是职业性的礼貌，但发自内心的礼貌随处可见：在深圳的公共汽车和地铁上，让座率是中国境内最高的，而且通常女性的让座速度大于男性。女人能够拥有财务自由的

图 7-14

时候，她们会很美丽，深圳女人将是中国最美丽的女人。“没女人味的女人”深刻地反映了广东地区对女性评价的偏见，实际上深圳的女性很注重外在形象包括行为举止的修养，深圳街头女性的服饰品位高（如图 7-14 所示），综合素质正是现代都市女人味的文明体现。在深圳的广东女性外形受外来文化的影响很大，在改革大潮中变化明显。

综上所述，广东地区对女性的审美评价与现代都市女性审美评价存在较大差异，某种程度上残存着女性“无才便是德”的封建意识，女性的价值建立在负责照顾家庭丈夫的基础上，不关注女性自身的完美，这种价值观影响了女性服饰文明的进程。

女性服饰与城市文明

图7-15

图7-16

女性的服饰是城市文明的折射镜，成熟女性更是城市文明指数的风向标。从前面三个城市街拍组图，不难看出，一个城市的文明，很大程度上在服饰有所体现，特别在上了年纪的女性身上。服装是物质文明和精神文明的集成，是一个国家、一个民族、一个城市的文明象征。我们的邻邦日本、韩国，是亚洲经济发展较快的国家，年纪大的女性服饰特点给我们启示很大：图7–15是一个韩国三口之家在儿子服兵役前的合影，中间的母亲不认真看还以为是儿子的女朋友，特别年轻，反映了人民的精神状态很好。日本女性大部分在家料理家务，管理好家庭是本职工作，但她们十分重视外形的修饰，哪怕就在院子里扫地也要把自己整理得干干净净、漂漂亮亮，图7–16为穿着和服梳理整齐的日本家庭主妇。韩国女性不化妆是不会出门的，她们认为不化妆出门那叫裸露，广东地区的不少女性去韩国旅游后触动很大。在国外旅行碰到外表光鲜亮丽的上了年纪的亚裔女性，一般都是日本人和韩国人，现在中国人也逐渐占了很大的比例。在欧美上了年纪的女性，外表形象连总统都关心，里根总统曾说过：“四十岁以上的女人要对自己的脸负责。”脸是外形的代名词，提倡成熟女性要关注日益衰老的外表，用后天的装饰弥补先天不足。服饰是人类文明的集中体现。中国在世界上早有“衣冠王国”之称，是一个服饰文明古国，早在战国时期诸子百家对服饰文明就有科学的见解：“食必常饱，然后求美，衣必常暖，然后求丽，居必常安，然后求乐”，揭示了人类物质文明发展的一般规律。当人们吃饱后进一步追求精美，身上穿暖了，才会希望穿得更漂亮更有品位，有安身的居所就希望环境更安逸、舒服、美丽，这是人类不停进步、不断发展的动力所在。广州在全国是改革开放的排头兵，在全国最早富裕起来，城市环境变化也最快，女性的服饰也要领先全国才符合社会发展规律，广州女性也应该成为城市的移动风景。

四

服饰功能与女性形象

20 世纪 70 年代，中国的衣着水平还是“新三年、旧三年、缝缝补补又三年”的贫穷落后状态（如图 7–17 所示），无论大人还是小孩都是灰头土脸的，孩子像个小大人，被老气的服装湮没了天真可爱，女性过了三十岁衣服便是一片灰色，没有美感可言。从服装上直观反映了当时社会的经济落后和物质贫乏。四十年过去了，翻天覆地的变化使人们的精神面貌焕然一新，年轻一代的服饰装扮水平与世界发达国家不差上下，中老年女性的服饰水平也能与世界发达国家媲美。图 7–18 是一群退了休的都市女性，都是奶奶级的年龄，再也看不到死气沉沉，服饰色彩绚丽，心里年

图 7–17

图 7–18

图 7-19

图 7-20

龄像初升的太阳，折射出她们晚年生活较高的幸福指数。

古人说："不学礼，无以立"。什么是礼仪呢？简单地说，礼仪就是律己、敬人的一种行为规范，是表现对他人尊重和理解的过程和手段。文明礼仪，不仅是个人素质、教养的体现，也是个人道德和社会公德的体现，更是城市的脸面、国家的脸面。尤其是上了年纪的女人，让自己在孩子面前讲礼仪不仅可以内强个人素质、外塑形象，更能够润滑和改善人际关系。礼仪的内容很多，其中服饰文明是重要的内容，它在社会中起着积极作用。史载："黄帝、尧、舜垂衣裳而天下治。"生活在那个年代的人们时时牢记自己的地位、职责，明确自己应做什么，不应做什么。社会各种角色各尽其职，各负其责，中下层人，安于本分，尽力奉公，一定程度上稳定了社会秩序。现代服饰是人类进步的直接反映，它除了满足人们物质生活需要外，还能够满足人们对美的追求，改变人们的精神面貌，延缓人类衰老的进程，代表着一定时期的文化内涵。服饰还能唤起观察者内心的情感和思想的力量，年纪大的女性，用服饰文明提升自己的形象，是对自己也是对家人的尊重；相反，认为爱美是年轻人的专利，年纪大了不需要外表的提升，不要引起别人的关注的想法是错误的。图 7-19、7-20 是一位外形变化很大的深圳女性，十年前与十年后相比较外貌发生了很大变化，现在比过去更年轻了。图 7-20 是她十年前的照片，图 7-19 是近照，充分说明服饰起了很重要的作用。

通常都说"三分长相七分打扮"，服饰作为一种象征，作为一种能够唤起情感的媒介，其作用已经超过了它的自身。走在大街上衣衫不整、其貌不扬的人很少有人多看一眼，面对衣冠整洁、气质不凡、光鲜亮丽的人会另眼相看，也愿意多看甚至了解她，这就是服饰的魅力。对上了年纪

图 7–21

图 7–22

的女性，无论在家庭还是在社会，身份、角色在不停地变化。精神需求层次和自我认知价值越来越高，就越来越希望得到他人的理解、受到他人的尊重，服饰就起到重要的媒介作用。过去“女为悦己者容”，年纪大了应该“女为自尊而容”，要让孩子们尊重自己，首先自己要尊重自己，重视外形就是对外的广告。图 7–21 是广州的两位女企业家，她们的着装传达给人们的是高品位的综合素养。

现代文明告诉我们，人在任何时候都要活得有价值，有尊严，有美的外观。每个阶段的人文特点都值得尊重：孩提时的天真烂漫给人带来期盼，确实宝贵值得珍惜；青年时的豆蔻年华、天生丽质、朝气蓬勃令人羡慕；中年的成熟练达，承受家庭事业的双重压力，直接体味人生的甜酸苦辣，也是一种骄傲；老年是风雨过后的彩虹，迎接人生舞台谢幕的观众，应该最是幸福。无可奈何，人的外形像花开花落自然变化，年龄与美丽总成反比，而人的尊严好像成熟的果实越熟越甜。修饰趋向衰老的外表，是尊重他人，也是对自己尊重的体现，也是礼仪的范围，服饰可以帮助我们实现美化外形的愿望。图 7–22 是一群已经退休了的教师，在她们身上看到的仍然是朝气蓬勃的精神，色彩缤纷的服饰起到重要的点缀，到位的搭配才能达到美的效果。

南北城市个体都有其特点，例如广东最早的原著居民，古时称百越人

女性形象提升的途径

或南蛮人。由于长期在广东湿热干燥的气候下生活，毋庸讳言，这些人普遍皮肤黝黑，身材矮小，牙齿较黄，颧骨高，长相和泰国人、越南人比较相似。虽然本土广东人皮肤黝黑粗糙，身材不高，女性平均身高不到160厘米，但由于广东四季中有一大半是热的天气，夏季的时间很长，睡眠的时间比北方要短，再加上食物清淡，肥胖的人群明显少于其他城市。“小蛮腰”的造型好像是广东女性身材的写照，骨感美女很多，正是当代女性的时尚标准，也是广东女性的先天优势。广东产美女不是冬天的童话，进而验证经济与美女成正比的自然法则。下面特别对广东地区的中老年女性朋友提出几个具体建议：

1. 养成护肤防晒习惯

据观测资料的统计分析，广州地区属于紫外线高辐射地区，全年辐射强度83.3%，为“中等”以上级别；“强”“很强”级别占60.7%，尤其是夏、秋季分别有41.8%、55.5%的时间紫外线出现很强级别，对人体皮肤的伤害很大。西藏地区60岁的女性外貌相当内地80岁老太的皮肤（如图7–23所示），主要是高原日照长，紫外线强烈所致。现在年轻的广东女孩防晒

图 7-23

图 7-24

图 7-25

图 7-26

意识很强，她们的肤色与内地的女孩没有差别。据调研发现广东地区上了年纪的女性特别是已婚女性，对紫外线辐射的防范意识弱，夏季很少用防晒霜，导致肤色黯淡，皮肤容易起褶皱出现斑点，加速了皮肤衰老。图 7–24 是广州的街拍，是一个小区的居民。这个形象在四十年前一点都不奇怪，但现在与广州的现代大都市形象很不匹配。图 7–25 是上海的街拍，这个老人肤色、服饰与大上海的环境很和谐，在衣着外表修饰上与广东年纪大的人有明显不同。

现在人们的生活都富裕起来了，现代科学赐予人类的夏季护肤产品（防晒霜），为我们护肤保驾护航，可惜的是广东地区还有大部分女性，没有护肤意识，更不要说化妆美容。在夏季时间特别长的广州，使用防晒指数高的防晒霜，防止紫外线的侵蚀，延缓衰老，完全能够改变我们的容颜。图 7–26 中都是广州的女政协委员，她们的服饰水平与广州的城市风貌一致，值得广东女性学习。

2. 掌握美容修眉技巧

爱美意识淡薄的人，很少注意五官中眉形的“地位”，眉形好的人颜值就高了一半。就算素颜，出色的眉形会让五官立体、美化脸形。在广州街头只要稍加注意，可以发现修眉的女性很少，这是影响广东女性形象的重要因素。如果眉毛稀疏无形，五官就会变得模糊、憔悴，人会显得特别

五：唐代婦女畫眉樣式的演變

年代		圖例	資料來源
帝王紀年	公元紀年		
貞觀年間	627—649		閻立本《步輦圖》
麟德元年	664		禮泉鄭仁泰墓出土陶俑
總章元年	668		西安羊頭鎮李爽墓出土壁畫
垂拱四年	688		吐魯番阿斯塔那張雄妻墓出土陶俑
如意元年	692		長安縣南里王村韋泂墓出土壁畫
萬歲登封元年	696		太原南郊金勝村墓出土壁畫
長安二年	702		吐魯番阿斯塔那張禮臣墓出土絹畫
神龍二年	706		乾縣懿德太子墓出土壁畫
景雲元年	710		咸陽底張灣薛氏墓出土壁畫
先天二年—開元二年	713—714		吐魯番阿斯塔那[illegible]墓出土絹畫
天寶三年	744		吐魯番阿斯塔那張氏墓出土絹畫
天寶十一年後	752年後		張萱《虢國夫人遊春圖》
約天寶—元和初年	約742—806		周昉《揮扇仕女圖》
約貞元末年	約803		周昉《簪花仕女圖》
晚唐	約828—907		敦煌莫高窟130窟壁畫
晚唐	約828—907		敦煌莫高窟192窟壁畫

图 7-27

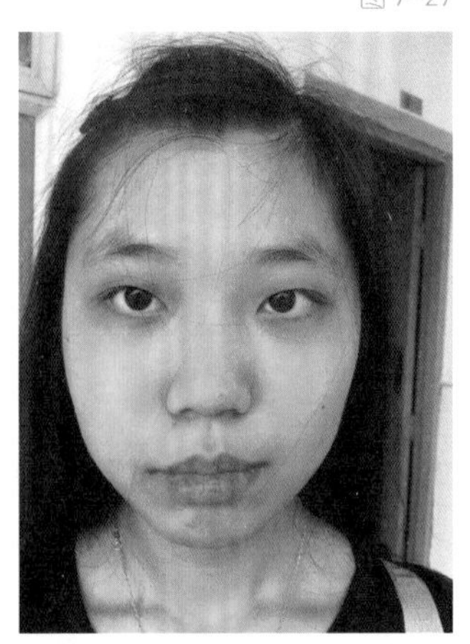

图 7-28

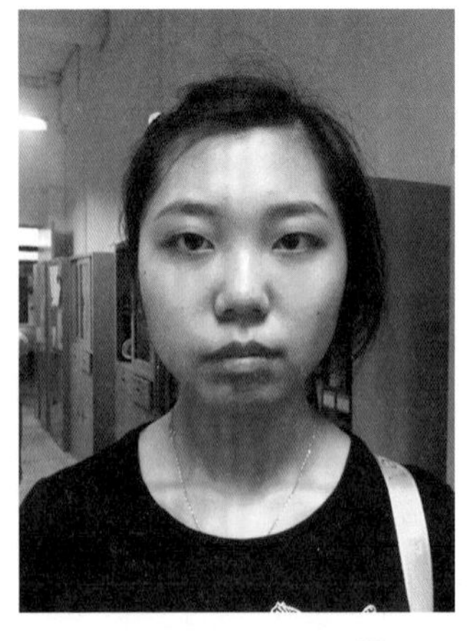

图 7-29

老和臃肿；如果眉毛太粗黑，人会显得凶恶，甚至会觉得滑稽得像丑角。只要改变眉形，就可以提高颜值。美国有专门提供不同眉形设计的研究机构，这种服务价格不菲，反映了人们对眉形的重视程度。眉形不仅能左右我们整个脸形轮廓。在命相学中，它还代表了感情、事业运，“眉清目秀”“眉清目朗”更是人们平常最直接评价人物形象的褒义词。但广东人却有眉毛不能动，像“菜”“财”不能切一样，怕修掉财运的迷信说法，与先进的改革理念很不相称。

眉毛是五官中唯一无须通过整形，就能提升人的形象的部位。图 7-28、图 7-29 是修眉前后效果照片。修眉不是简单的修去杂毛，需要有把控五官位置调整眉形的能力，调整眉毛的高低、宽窄位置，根据脸形改变眉形，达到提升颜值的目的。如果没有基本的修眉知识和美的意识，会弄巧成拙起到相反的作用。眉形一直是流行元素之一，唐代女性眉形多样（如图 7-27 所示），当代眉形随时尚流行变化而变化。2016 年一度流行一字眉，没过多久又开始流行弯眉，不管流行什么眉形，关键要加强眉眼之间的完美搭配，协调五官的和谐位置，其次考虑眉毛的时髦性。因此，提高审视眉形的水平，学会修眉技巧非常重要，这是提升形象最简单也是最有效的途径。在服饰文明高的地区女性普遍重视修眉，在街上很难看到没有修过眉的人。

图 7-30

图 7-31

图 7-32

广东由于天气炎热，人们不愿意化妆，但眉毛的整修到位不化妆颜值能提高一半。广东年轻的一代受外来文化的影响较大，求变求新求美的意识很强，修眉的人群增多，她们将是推动广东女性形象提升的生力军。

3. 注重服饰修身装扮

正常来说身材与服饰装扮成反比，身材好的人对服装的要求不高，就像衣架一样什么衣服挂上去都好看，但身材矮小或者偏胖不那么标准的人，对服装的要求更高，不同的服装其色彩、款型、面料都会对人体产生不一样的视觉效果。

注重服饰修身前面有所论述，这里强调身材矮小的广东女性，可以化劣势为优势，小个子同样能有美丽的外形，身材的美不是以人体的绝对高度来衡量。图 7-30 中的两位艺人个子都不高，体形也差不多，左边的裙长在膝盖上面，露出腿的高度决定了身材的视觉高度，显得小巧、玲珑可爱，而右边的裙短、露出腿长更显身材美。再次强调，腿型较粗个子又偏矮小的女性，避免穿紧身裤，以长窄裙或直筒裤为首选，衣服尽量选择短款，高腰裤值得推崇。这样视觉上可以拉伸高度。肤色暗淡的人服装的色彩尽量不要用咖啡色或不够明亮的色彩，宁可用黑色，忌讳用色调比较暗的系列，切不可用紫色系列，否则给肤色造成雪上加霜的效果。广东有些

图 7-33

图 7-34

图 7-35

图 7-36

女性腿特别细，同样要注意，太细的腿忌讳穿黑袜。学会应用色彩的明暗效果即暗色起收缩作用、亮色有扩张的效应，调节身体的肥瘦视觉美感，提升个体形象。图 7–31、图 7–32、图 7–33、图 7–34 中的女性身材像典型广东女孩的“小蛮腰”，小巧玲珑，服饰整体到位，相比身材标准的体形（亚洲女性 165 厘米左右）一点不逊色。广东的一位女企业家（如图 7–36 所示），服装行业的领军人物，她的服饰诠释了专业能力和企业文化。作为广东女性身材的典型代表，到位的服饰提升了身高。图 7–35 中两位女性的身高不差多少，但不同的服装款型和色彩造就的视觉效果差别很大，右边胖的体形下装分割了多层，裤、肤色、鞋，加上身体的宽度，更显矮。如果她上身穿提腰的合体短衣，下身用直筒单色的黑裙，脚上着高跟鞋，且颜色与上装色彩一致，视觉效果会更好。

4. 学会化妆提亮肤色

化妆是提升女性形象的捷径。美女是画出来的，很多明星卸妆后跟普通女性没什么两样，都市女性都明白这个道理。在很多发达城市，企业为提高员工的自信和工作效率，要求女性化妆上班。在广州化妆的女性很少，这是形象落后的一个因素。广州处于亚热带，每年日照时间比其他城市的

图 7-37

时间长，加上不注意防晒肤色偏暗。民间俗语“一白遮三丑”，现代的男士又加了一句“一胖毁所有”道出了女性美的标准。广州的女性生活条件领先其他城市，拥有美的外形是必然趋势，就像每天煲汤一样，学会化妆提亮肤色，提高颜值，给女性自信，带来愉悦的心情，身体就更健康了。毛戈平有一款高光亮膏特别适合广东地区女性，作为粉底具有提亮、遮瑕、防晒、妆容持久的特性，在广州的气候环境下特别适用，遗憾的是广州竟然没有毛戈平化妆品实体店，与广东女性没有化妆美容意识有关。它虽然价位偏高，但美化面容的作用与煲汤是异曲同工之妙，很值得拥有。

结束语

中国正在以弘扬实践“城市精神”为主线，努力打造“城市，让生活更美好”的生活环境、政务环境、人文环境和生态环境。城市精神是支配市民的价值取向、行为方式、心理导向的精神力量，是一座城市的灵魂。城市的品位与魅力不仅仅表现在摩天大厦和繁华的街面，更在于它的文化、历史和亲和力；弘扬和实践城市精神要营造城市空间的人文氛围，树立以人为本的现代城市建设理念；用人文精神塑造社区，使之成为体现人文关怀的精神家园。提升女性服饰形象就是提升城市文明的象征，妇女形象及素养如何，关系到人类遗传基因的进化，其教育子女的潜移默化作用对改良民族的素质有着重要意义。就像马克思说的："每一个了解一点历史的人都知道，没有妇女的酵素就不能有伟大的社会变革"。作为一个优秀的女性，做贤妻良母无可厚非，但更要有改变自己命运的意识，完善自我，提升女性外在形象。图 7-37 中的广州市女政协委员们，在经济开发、参政议政走在社会前面，服饰形象也不落后时代，展现了广州优秀女性的美好形象。她们将推动广大中老年女性朋友，普遍重视外在形象与城市的融合，还会影响人们的消费观念，拉动整个服饰产业链，推进服装鞋帽与化妆品消费市场，对城市的文明发展、提高对外影响都是一种积极的正能量。

参考文献

[1] 王瑞华，陈全福．从建构现代文明城市看全面提高市民素质 [J]. 山西煤炭管理干部学院学报 ,2007（1）：2–5,16.

[2] 高芝兰．提高市民素质构建文明城市 [J]. 湖湘论坛，2008（1）：85–86.

[3] 北京大学哲学系外国哲学史教研室．古希腊罗马哲学 [M]. 北京：商务印书馆，1961.

[4] 熊玛琍．中老年服饰艺术 [M]. 北京：北京邮电大学出版社，2004.

[5] 王蕊．政治制度和社会价值对中国古代服饰演变的影响 [J]. 沈阳农业大学学报（社会科学版），2010（2）：250–252.

[6] 白以娟．旅游者服饰漫谈 [J]. 辽宁丝绸 ,2006（3）：23.

[7] 车晓磊．旅游服饰漫谈 [J]. 广西轻工业，2009（5）:111，141.

[8] 沈小红．健美操对中老年妇女身体机能的影响 [J]. 新世纪论丛 ,2006（2）：20，23.

[9] 熊玛琍，董炜，陈安琪．浅议皮鞋在服饰整体美中的作用 [J]. 服饰导刊 ,2014（2）:82–90.

[10] 陈念慧．鞋靴设计学 [M]. 北京：中国轻工业出版社，2012.

[11] 赵妍, 刘晓娟 . 服饰美: 一种统一的美 [J]. 南宁职业技术学院学报，2005（3）：35–37.
[12] 于百计 . 请给模特穿上鞋 [J]. 中外鞋业 ，2001 (10)：56.
[13] 高士刚 . 鞋靴结构设计 [M]. 北京：中国轻工业出版社，2009.
[14] 李春晓 ，蔡凌霄 . 时尚设计 [M]. 南宁：广西美术出版社 ,2006.
[15] 刘元风 ，胡月 . 服装艺术设计 [M]. 北京：中国纺织出版社 ,2006.
[16] 华梅 . 中国服装史 [M]. 天津：天津人民出版社，2006.
[17] 高士刚 . 现代制鞋工艺 [M]. 北京：中国轻工业出版社 ，2008.
[18] 高士刚 . 鞋靴结构设计 [M]. 北京：中国轻工业出版社， 2009.
[19] 王学 . 服装与人体的关系 [J]. 武汉科技学院学报 . 2006(09)：1–3.
[20] 西安硬雪工业设计 . 鞋的一些知识 [EB/OL].2015–10–12.
[21] 达人传授挑鞋秘诀 [EB/OL].2015–10–12.

编后语

耗时两年的《都市女性服饰修养》一书终于完稿了。本书得到了广州社会科学规划领导小组和广东白云学院的大力支持，在此表示衷心的感谢！

书中引用了很多人物的服饰照片，大部分源于本人的微信朋友，有些是公众艺人，也有本人的服饰照片。这些服饰照片，能帮助读者更好理解服饰艺术内涵，诠释服饰理论，对于爱美的女性朋友起到引领示范作用。同时也增强艺术理论的说服力，形象地阐述服饰艺术在提升人物形象、提高女性生活质量、和谐家庭生活、美化社会环境中的作用。在此，对所引用到照片的朋友表示衷心的感谢！其中也有不少照片是本人应用对比的研究手法，在上海、广州及国外的街拍，涉及的人员一并表示感谢！特别要对本书提供了封面支持的时尚达人万雨尘女士表示衷心感谢！对广东白云学院的各级领导、职能部门及服装系的老师们，为本书出版给予的支持和帮助表示由衷的感谢！

熊玛琍
2017 年 6 月